DELIUS KLASING

OPEL

RAINER MANTHEY

FAST ALLES ÜBER OPEL

EIN SAMMELSURIUM

DELIUS KLASING VERLAG

Fast alles über Opel

Opel feiert im Jahr 2019 sagenhafte 120 Jahre Automobilbau. Nur wenige Hersteller können auf eine derart lange wie abwechslungsreiche Geschichte zurückblicken – und Abwechslung gab es bei Opel wahrlich genug. Oft war es der technische Fortschritt, manchmal aber auch das wirtschaftliche oder politische Umfeld, das dafür sorgte, dass es bei Opel in Rüsselsheim, später in Europa und schließlich in aller Welt stets spannend blieb.

Natürlich können wir immer nur Ausschnitte und Anekdoten aufbereiten, von denen wir meinen, dass sie von Interesse oder von zentraler Wichtigkeit sind. 120 Jahre Automobilbau lassen sich eben nicht in Kürze darstellen. Doch dieses Buch soll dazu einladen, weitere und sogar neue Facetten rund um die Marke Opel zu entdecken. Denn der positive Zuspruch vieler Leser zeigt, dass es weitaus mehr Freunde der Marke Opel gibt, als es Umfragen jemals ermitteln könnten. Wir wünschen allen Lesern an dieser Stelle viel Spaß beim Schmökern.

Rainer Manthey

112

Fließbandfertigung von Opel-Wagen des Typs 4/16 PS im Jahr 1926 in Rüsselsheim. Verschiedene Aufbauten ließen sich am selben Band montieren.

Fließbandfertigung

Etwa 120.000 Exemplare des kleinen Opel-Wagens vom Typ 4/12 PS wurden von 1924 bis 1931 in Rüsselsheim hergestellt, und zwar am Fließband. Denn Opels erster echter »Volkswagen«, der wegen seiner meistens dunkelgrün lackierten Karosserie schnell den Spitznamen »Laubfrosch« erhielt, war das erste Automobil eines deutschen Herstellers, das in großer Stückzahl am Fließband hergestellt wurde. Doch bis die Fließbandproduktion bei Opel aufgenommen werden konnte, war es ein langer Weg. Bereits im Spätherbst 1909 reiste Wilhelm Opel nach Nordamerika, um dort bei diversen Herstellern die damals modernsten bzw. rationellsten Fertigungsmethoden der florierenden industriellen Automobilproduktion zu studieren.

Wussten Sie schon, ...

dass alle Opel und Buick Cascada Cabriolets im polnischen Werk Gliwice produziert werden?

Er besuchte dabei auch den gerade von General Motors aufgekauften Hersteller Olds Motor Works (später Oldsmobile) in

Lansing/Michigan. Die 1897 als R. E. Olds Motor Car Company von Ransom Eli Olds gegründete Firma war der erste kommerziell erfolgreiche Hersteller in den USA, der in Großserie produzierte. Schon 1902 führte Oldsmobile in der Produktion die sogenannten »Wheeled Cars« ein. Das waren mobile Holzgestelle, auf denen die Fahrzeuge von Station zu Station verschoben und aufgebaut wurden. Ford in Detroit/Michigan verfeinerte und mechanisierte das System von Oldsmobile, startete allerdings erst 1913 mit der Fließbandproduktion für sein berühmtes Ford T-Modell.

Zurück in Rüsselsheim begann Wilhelm Opel, die in den USA gewonnenen Erkenntnisse in die eigene Produktion einfließen zu lassen. Es begann bei der Vereinheitlichung von Fahrgestellen und Bauteilen sowie mit der Einführung der Linienfertigung, bei der an mehreren Exemplare eines Typs oder ähnlicher Modelle gleichzeitig gearbeitet bzw. die gleichen Teile verbaut wurden. Nach dem Ersten Weltkrieg folgten erste Teilfertigungen an bereits rollfähigen Fahrzeugen, die hintereinander an Stationen vorbeigeführt wurden. Die Einführung der innerhalb von 48 Stunden trocknenden (zunächst nur schwarzen) Nitrozelluloselacke Anfang der 1920er-Jahre beschleunigte die Produktion so nachhaltig, dass von nun an eine laufende/fließende Produktion am Band möglich war.

Der kleine Opel vom Typ 4/12 PS, im Volksmund »Laubfrosch« genannt, war der erste deutsche Wagen, der in Großserie am Fließband hergestellt wurde.

Dieser Diplomat A feierte 1965 im Werk Rüsselsheim »Hochzeit«, als Achsen und Antrieb in das Fahrzeug von unten eingebaut wurden. Der 4,6 Liter V8-Motor war eine Entwicklung der GM-Tochter Chevrolet.

Produktionszahlen

In den ersten 50 Jahren des vergangenen Jahrhunderts stieg Opel von einer kleinen Manufaktur zu einem der größten europäischen Massenhersteller für Automobile auf. Vor dem Ersten Weltkrieg entwickelte sich Opel dabei zu einem der wenigen Vollsortimenter, der in der Lage war, Personen- und Lieferwagen sowie Lastkraftwagen in unterschiedlichen Größen zu produzieren. Bis zum Ausbruch des Zweiten Weltkriegs wurde die Produktion mit damals modernster Fertigungstechnik und wegweisenden Konstruktionen weiter in Richtung Massenproduktion getrimmt. Die Aufnahme der Fließbandproduktion (1924) sowie die Einführung der selbsttragenden Ganzstahlkarosserie (1935) waren Belege dafür.

Wussten Sie schon, ...

dass Opel schon 1924 die Fließbandfertigung beim Modell 4/12 PS »Laubfrosch« einführte?

Nach der Übernahme durch General Motors (1929) entwickelte sich Opel zu einem hochmodernen Großserienhersteller mit einem breit gefächerten Angebot. Die Zahl der produzierten Fahrzeuge war seit jeher Gradmesser für die Leistungsfähigkeit eines Unternehmens. In den Anfangsjahren der Automobilproduktion vielleicht noch mehr, als das zum Beispiel aktuell der Fall ist. Legte man damals mehr Wert auf den technischen Fortschritt, werden die Produktionszahlen heute als Abbild für die wirtschaftliche Lage eines Unternehmens verwendet. Beides kann man kritisch sehen. Doch da Zahlen seltener lügen, lassen sich die wechselhaften Dekaden der Opel-Geschichte damit recht gut abbilden.

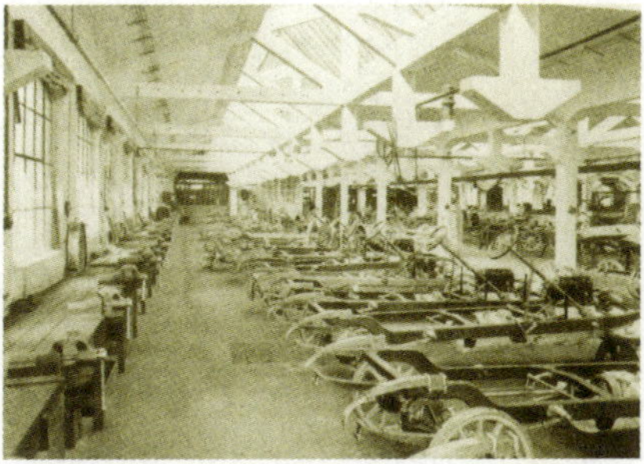

Linienfertigung von Fahrgestellen verschiedener Fahrzeugmodelle im Jahr 1912 im Werk Rüsselsheim. Die Vereinheitlichung von Bauteilen und Baugruppen ließ die Produktion beschleunigen.

Endmontage einer Insignia-Limousine »Grand Sport« (Anfang 2017) im Werk Rüsselsheim. Für die Fertigung dieser technisch komplexen Fahrzeuge wurden die Fließbänder umfangreich modernisiert.

Produktionszahlen

Produktion Opel Personenwagen + Nutzfahrzeuge

Jahr	Stückzahl		Jahr	Stückzahl	
1899	11	**	1931	26.689	
1900	24	**	1932	20.982	
1901	30	**	1933	39.193	
1902	64	***	1934	72.061	
1903	178	****	1935	102.293	
1904	252		1936	120.852	
1905	358		1937	130.267	
1906	518		1938	140.580	
1907	478		1939	118.794	
1908	500		1940	25.592	
1909	845		1941	19.432	
1910	1.615		1942	18.869	
1911	2.251		1943	23.243	
1912	3.202		1944	16.146	
1913	3.081		1945	0	
1914	3.519		1946	839	*****
1915	1.908		1947	3.239	
1916	1.366		1948	13.091	
1917	2.005		1949	39.564	
1918	1.565		1950	72.746	
1919	975		1951	76.955	
1920	1.154		1952	87.934	
1921	1.630		1953	105.792	
1922	1.901		1954	167.650	
1923	910		1955	185.340	
1924	4.571		1956	207.010	
1925	16.466		1957	228.903	
1926	12.383		1958	315.945	
1927	39.046		1959	331.520	
1928	42.771		1960	370.073	
1929	34.578		1961	382.738	
1930	26.127		1962	379.311	

1963	570.293
1964	688.575
1965	631.137
1966	662.348
1967	549.281
1968	656.718
1969	801.205
1970	820.852
1971	838.718
1972	877.963
1973	874.355
1974	583.645
1975	657.539
1976	921.696
1977	925.167
1978	956.455
1979	968.466
1980	792.800
1981	816.648
1982	982.906
1983	1.201.332
1984	1.055.442
1985	1.215.172
1986	1.209.732
1987	1.193.478
1988	1.237.361
1989	1.347.189
1990	1.048.772
1991	994.920
1992	1.085.963
1993	856.291
1994	830.829
1995	839.389
1996	876.006
1997	872.834
1998	876.400
1999	878.311

2000	992.948	
2001	1.479.900	*
2002	1.148.000	
2003	1.111.100	
2004	1.782.200	*
2005	1.796.700	*
2006	1.617.530	*
2007	1.642.192	*
2008	1.474.012	*
2009	1.121.019	*
2010	1.253.014	*
2011	1.277.949	*
2012	1.066.579	*
2013	1.057.000	*
2014	1.114.792	*
2015	1.139.478	*
2016	1.206.175	*
2017	1.117.331	*

* = inkl. Vauxhall
** = Patent-Motorwagen »System Lutzmann«
*** = Opel Darracq Motorwagen
**** = inkl. Opel 10/12 PS
***** = nur Lastwagen Typ Blitz

2017 trafen sich Admiralfahrer anlässlich des 80. Geburtstages bei Opel in Rüsselsheim. In der ersten Reihe steht ein Werkscabriolet, eingerahmt von vier Limousinen.

Die Admiralität

Nachdem Opel seit 1931 eine vollwertige Tochter von General Motors (GM) geworden war, stieg die Firma anschließend zum größten Automobilhersteller Europas auf. Trotz der US-amerikanischen Eigentumsverhältnisse, konnte Opel im nationalsozialistischen Deutschland sein Fahrzeugprogramm nicht nur radikal modernisieren, sondern sogar noch ausbauen. Personenwagen wie Kadett, Olympia, Kapitän und natürlich die Lastwagen vom Typ »Blitz« mögen dafür stehen. Deutschland ging es, vordergründig betrachtet, gut. Sogar so gut, dass man sich ca. Anfang 1936 wieder an die Entwicklung eines richtig großen Opel-Wagens wagte. Zwar war das radikale Einstampfen des ersten großen Opels (Regent, 1929, s. S. 36) durch GM vielen Opelanern noch in schlechter Erinnerung. Doch GM hatte nun wohl ein Einsehen, dass ein großer Opel den eigenen US-Produkten primär auf dem deutschen Markt wohl kaum mehr

Wussten Sie schon, ...

dass der Opel Olympia von 1935 der erste Pkw mit selbsttragender Ganzstahlkarosserie und vorderer Knautschzone war?

Konkurrenz machen würde. Entsprechend der neuen Opel-Militärnomenklatur wurde der neue Wagen »Admiral« getauft.

Dabei gab es zunächst konstruktive Dinge zu klären. Denn ein Fahrzeug mit knapp 5,3 m Länge, ca. 3,1 m Radstand, gut 1,6 t. Gewicht und einer Zuladung von knapp 700 kg würde man (noch) nicht auf Basis einer selbsttragenden Ganzstahlkarosserie realisieren können. Zumal eine Cabriolet-Variante Bestandteil der weiteren Entwicklung werden sollte. So entschied man sich für einen traditionellen Karosseriebau mit separatem Rahmen aus Stahlkastenprofilen (inkl. zentraler Auskreuzungen zur Reduktion der Verwindung, insbesondere bei offenen Aufbauten). Der Aufbau wurde von Holzrahmenprofilen verstärkt, die mit Karosserieblechen beplankt waren. Hierbei zeigten sich die Fortschritte bei der Fertigung von Karosserieblechen der letzten Jahre. Denn ihre Formgebung war innovativ wie formschön zugleich, bestimmt durch modische Elemente aus Stromline und Art Déco. Als Antrieb fand der 3,6 Liter Reihensechszylindermotor (hier 75 PS bei 3.200 U/min.) aus dem Lastwagen »Blitz« Verwendung, der über ein Dreigangschaltgetriebe sein max. Drehmoment (hier 210 Nm bei 1.700 U/min.) an die starre Hinterachse lieferte.

Das viertürige Admiral Werkscabriolet war eine imposante Erscheinung. Es war durchaus mit den großen offenen Wagen von Mercedes und Horch vergleichbar, nur deutlich preisgünstiger.

Ein Werbemotiv für den Opel Admiral von 1937. Die idealisiert gezeichnete Silhouette des Wagens unterstrich den Anspruch und seine Eleganz.

Bereits im Februar 1937 konnte die viertürige Admiral-Limousine auf der 27. Int. Automobil- und Motorradausstellung in Berlin erstmalig präsentiert werden. Die Produktion der viertürigen Limousine (6.500.- RM) begann im Herbst 1937, kurze Zeit später gefolgt von einem ebenfalls viertürigen Cabriolet (7.100.- RM). Die gewählte Konstruktionsweise erlaubte ferner die Herstellung von fahrbereiten Windlauffahrgestellen, bei denen der Vorderwagen inkl. Spritzwand, Scheibenrahmen und Trittbrettern denen der werksseitig gefertigten Fahrzeugen glichen. Diese Fahrgestelle konnten von Kunden gekauft werden, die sich von Karosseriebaufirmen andere Aufbauten fertigen ließen. Besondern hervorheben möchte ich hier die Firma Gläser aus Dresden, die u. a. ein wunderschön gezeichnetes, zweitüriges Cabriolet karossierte. Die Fertigung des Admiral wurde im Oktober 1939 nach 6.404 produzierten Wagen eingestellt, da die Motoren für die Lastwagen vom Typ »Blitz« der Wehrmacht benötigt wurden. Denn es war Krieg!

Wussten Sie schon, ...

dass Opel am 23. April 1964 den zweimillionsten Exportwagen auslieferte?

Ein Opel-Pressebild von 1970 zeigt den Opel Manta A an der Ostseeküste in Timmendorfer Strand. Was mag typischer sein? Der Manta A verkaufte sich weltweit fast 500.000-mal!

Herzlichen Glückwunsch!

Opel feiert 2019 zwar 120 Jahre Automobilbau. Doch 2020 gibt es noch ein weiteres Jubiläum im selben Hause zu feiern. Die Modelle Opel Ascona und Manta A werden 50 Jahre alt! Im Herbst 1970 wurden diese beiden technisch eng verwandten Modelle als »Neue Klasse« (dieser Slogan wurde vom Opel-Marketing dreist bei BMW geklaut) vorgestellt. Das Coupé Manta und die Ascona-Limousinen (beide intern als Baureihe A bezeichnet) nebst Caravan, »Voyage« genannt, sollten die große Lücke im Modellprogramm zwischen dem Kadett B (untere Mittelklasse) und dem arrivierten Rekord C (obere Mittelklasse) für den Wettbewerb in der echten Mittelklasse schließen. Eigentlich war die Entwicklung der beiden neuen Modelle als Fortsetzung der Kadett B-Baureihe ab 1971

Diese Werbeaufnahme aus England von 1973 zeigt alle Karosserieversionen des Ascona A auf einen Blick. Der Wagen wurde in ganz Europa sowie in den USA mit großem Erfolg angeboten und verkaufte sich rund 670.000-mal.

geplant. Doch das bereits 1969 von Ford lancierte Coupé mit Namen »Capri« sowie das Marktumfeld in der Mittelklasse brachten Opel in Zugzwang.

Kurzerhand wurde die Einführung des neuen Kadett C um zwei Jahre auf 1973 verschoben, und seine bisherigen Entwicklungsergebnisse für die vorgezogene Präsentation von Ascona und Manta in ganz Europa verwendet. Ein vordergründig kluger Schachzug, wenngleich in der Realität mehr aus der Not geboren. Der neue Opel Manta A kam am 25. September 1970 zu den Kunden, während der Ascona A erst am 20. November

1970 seine Premiere feierte. Beide Modelle waren technisch identisch. Nur ihre Karosserien waren grundverschieden. Während das Coupé Manta mit langer Front und kurzem Heck klar den damaligen Zeitgeist widerspiegelt, wurde der Ascona als klassische Stufenheck-Limousine vorgestellt. Beide Wagen zeigten, auf europäische Normen zurückgeführt, viele Elemente des damaligen US-Geschmacks, den wir heute mit den Modellen von Chevrolet mit Namen Camaro und Chevelle verbinden.

Ein Sonderfall war dabei das Caravanmodell des Ascona namens »Voyage«. Es gab diesen Kombi nur dreitürig und in vergleichsweise hochwertiger Ausstattung. Ein Novum, waren die bisherigen Caravanmodelle von Opel doch in erster Linie Lasttiere des Handwerks und nicht »Lifestylekombis«. Die Kunden sahen das ebenso und verschmähten dieses Experiment. Die Zeit war einfach noch nicht so weit. Doch die Limousine Ascona (zwei- und viertürig) wusste zu überzeugen. Eine völlig andere Zielrichtung verfolgte hingegen das Coupé Manta. Es hatte nicht nur gegen den »Capri« des »Erzfeindes« Ford (erfolgreich) anzutreten, sondern musste auch für frischen Wind im doch schon etwas angestaubten Modellprogramm von Opel sorgen. Diese Rolle übernahm der Manta souverän. Er ist übrigens bis heute enger als viele andere Modelle mit der Marke Opel verbunden. Dafür sorgten allerdings nicht die lächerlichen Mantafilme der frühen 1990er-Jahre, sondern seine zahlreichen Fans, die diesem Coupé bis heute die Treue halten. Mehr Informationen unter: www.manta-a-online.de.

Wussten Sie schon, ...

dass Adam Opel allein im Jahr 1868 rund 12.900 Nähmaschinen verkaufen konnte?

Ein Opel »Laubfrosch« (Typ 4/12 PS) als offener Zweisitzer Ende der 1920er-Jahre in gebrauchtem Zustand. Heute sieht man nur noch restaurierte Exemplare, die teilweise besser als neu sind.

Erfolgswagen

Das »Auto für den Jedermann« oder der »Wagen für das Volk« sind nicht etwa eine Erfindungen der Volkswagenschmiede in Wolfsburg. Vielmehr war es die Firma Opel, die bereits 1924 mit einem erschwinglichen Vollwertautomobil aus Großserienproduktion den Grundstein für die Massenmotorisierung in Deutschland und Europa legte. Opel war damals erfolgreich auf dem Weg zum größten kontinentalen Automobilhersteller. Bis andere Automarken (z. B. 1936 der Fiat 500 »Topolino«) hier nachziehen konnten, liefen in Rüsselsheim bereits Wagen vom Band, die den Namen Volkswagen wirklich verdienten. Aus den vielen Modellen habe ich diejenigen herausgesucht, die aus meiner Sicht technisch, wirtschaftlich, gesellschaftlich oder monetär echte Erfolgs-

Wussten Sie schon, …

dass Adam Opel 1887 insgesamt 32 Hochrad-Exemplare herstellte?

Wie der bereits 1935 vorgestellte Opel Olympia verfügte auch der preiswertere Opel Kadett von 1936 über eine selbsttragende Ganzstahlkarosserie.

Die Varianten des neuen Opel Kadett von 1938 zeigt dieser niederländische Prospekt. Von oben: Standard- und Luxus-Limousine zweitürig, Luxus-Cabriolet-Limousine zweitürig und Luxus-Limousine viertürig.

wagen waren. Dass es sich dabei um Kleinwagen aus heutiger Sicht handelt, liegt in der Natur der Sache.

Den Anfang machte der Opel vom Typ 4/12 PS, der ab Mai 1924 im Volksmund aufgrund seiner überwiegend grünen Farbgebung schnell »Laubfrosch« getauft wurde. Während seiner siebenjährigen Bauzeit stieg die Motorleistung stetig an. 1924–1925: 4/14 PS, 1925–1926: 4/16 PS, 1926–1930: 4/18 PS sowie 1929–1931: 4/20 PS. Im Lauf der Serie wurde der zunächst nur als offener Zweisitzer lieferbare Wagen in weiteren Karosserieformen angeboten. 1924: offener und geschlossener Dreisitzer, geschlossener Lieferwagen mit Hecktür, 1925: offener Viersitzer, geschlossener Viersitzer sowie offener Luxuszweisitzer mit geändertem Heck. Der ursprüngliche

Biederer bzw. spießiger konnte ein Pressefoto kaum sein. Doch das Häuschen und der eigene Wagen waren Traum vieler Familien. Dieser frühe Kadett A in Normalausstattung war in der Farbe »Karibagrün« lackiert, die von einigen Kunden spöttisch »Kohlrabigrün« genannt wurde.

Verkaufspreis halbierte sich im Laufe der Bauzeit durch eine immer rationellere Fertigung. Bis zum Juni 1931 wurden insgesamt 119.484 Opel »Laubfrosch« gebaut. Zwischen Juli 1931 und September 1935 folgten 101.563 Exemplare des Modells Opel 1,2 Liter (erstmals nach der Hubraumgröße benannt). Diesem folgten von September 1935 bis Dezember 1937 65.864 Exemplare des technisch verwandten Modells Opel P4 (P4 = Wagen für vier Personen).

Der zweite Erfolgswagen war der neue Opel Kadett mit selbsttragender Ganzstahlkarosserie, der im Dezember 1936 vom technischen Berater der Opel Verkaufsabteilung Heinrich Nordhoff (ab 1948 Generaldirektor Volkswagenwerk) präsentiert wurde. Der Kadett basierte technisch auf dem knapp zwei Jahre zuvor lancierten Opel Olympia. Allerdings stammte der Motor (1,1 Liter, 23 PS) noch aus dem alten Opel P4. Zunächst wurde der Kadett zweitürig als Limousine und als Cabrio-Limousine zum selben Preis von 2.100.- RM angeboten. Im Januar 1938 folgte für 2.350.- RM

Wussten Sie schon, ...

wie man die Unterhose eines Opel-Fahrers nennt? Rüsselsheim!

Der Kadett A in Luxusausstattung verfügte über anders geformte Kotflügel und Grill vorn. Die Zweifarbenlackierung (Chamonixweiß mit schwarzem Dach) traf den Zeitgeschmack.

eine viertürige Limousine. Im Juni 1938 schob Opel eine preiswertere Variante des Kadett (Normal-Limousine zweitürig, Typ KJ 38) für nur 1.795.- RM nach. Dieses Modell verfügte über die Vorderachse des alten Opel P4 und ihm fehlten die hinteren Ausstellfenster, Radkappen, Chromzierrat sowie die Stoßstangen. Der Wagen wurde als Antwort auf den kommenden »KdF-Wagen« (Volkswagen Käfer) auf den Markt gebracht, was von der NS-Führung nicht gern gesehen wurde. Heute wissen wir, dass der »KdF-Wagen« vor dem Krieg nicht mehr kam und der Opel Kadett ein Erfolg wurde. Bis Anfang 1940 wurden 107.608 Fahrzeuge gebaut.

Erst im Juni 1962 gab es wieder einen Opel Kadett in Form des Modells »A«. Für seine Produktion wurde eigens ein neues Werk in Bochum errichtet. Zu Beginn gab es den völlig neu konstruierten Kadett A als zweitürige Limousine in Normal- und Luxusausstattung (u. a. mit mehr Chrom und Ausstattung). Beide Modelle verfügten über einen ebenfalls neuen Vierzylindermotor mit 1,0 Liter Hubraum mit einer Leistung von 40 PS. Im September 1962 wurde ein Coupé vorgestellt,

Mehr Vielfalt wie beim Kadett B geht nicht. Im Lauf seiner Bauzeit (1965–1973) gab es insgesamt acht verschiedene Karosserien, die sich mit unterschiedlichen Ausstattungslinien, Motoren und einer Unmenge an Extras kombinieren ließen.

Karosserievarianten Opel Kadett B © Frank Welches

das über andere Kotflügel und Kühlergrill sowie über einen leistungsgesteigerten »S«-Motor mit 48 PS Leistung verfügte. Die Modellpalette wurde im März 1963 mit dem dreitürigen Kombimodell (Caravan 1000) mit dem Basismotor vervollständigt, das es auch als luxuriöseres Modell »Privat« gab. Dem Wunsch der Kunden nach mehr Leistung kam Opel im September 1963 nach, indem der »S«-Motor auch in Limousinen und im Caravan zu haben war. Im Februar 1964 erhielt das Luxusmodell die Frontgestaltung vom Coupé. Ab Mitte 1963 wurden exportierte Bausätze in Südafrika, Südamerika sowie in Portugal, Belgien und Dänemark montiert. Zwischen Februar 1964 und August 1965 wurde der Kadett A auch in den USA über die GM-Tochter Buick angeboten. Innerhalb von nur drei Jahren liefen insgesamt 649.512 Kadett A vom Band. Selbstverständlich war der populäre VW Käfer für die Opel-Wagen der unteren Mittelklasse stets der hartnäckigste Gegner. Ihm etwas entgegen zusetzen gelang nur, wenn die Wettbewerber aus Rüsselsheim mit praxisgerechteren Karosserien und Ausstattungen (z. B. zuverlässige Heizung) einen echten Mehrwert boten. Was dem Kadett A schon ganz gut gelungen war, konnte der neue Kadett B ab September 1965 besser. Technisch hatte sich zwar nicht viel geändert (ebenfalls Motor vorn und Antrieb hinten). Doch 10 cm mehr Breite, 18 cm mehr Länge sowie ein Plus von 91 mm beim Radstand machten aus dem Kadett B ein echtes Raumwunder in seiner Klasse. Hinzu kam eine Vielfalt bei Vierzylindermotoren, Ausstattungen und Extras. Zeitweise wurden acht verschiedene Karosserien gleichzeitig angeboten: Stufenheck- und Fastback-Limousinen sowie Caravan (alle zwei- oder viertürig), und zwei Coupés. Standard- oder Luxusausstattung ließen sich mit OHV-Motoren (1,0 bis 1,2 Liter Hubraum, Leistung 40 bis 60 PS) oder CIH-Motoren (1,5 bis 1,9 Liter Hubraum, Leistung 65 bis 106 PS) kombinieren. Hinzu kamen Sport-, Sprint-, Rallye- und Sondermodell-Kadetten, für die es eine unüberschaubare Zahl an Sonderausstattungen gab. Innerhalb von acht Jahren (bis August 1973) wurden 2.649.501 Wagen gebaut, die hauptsächlich in Europa, Südafrika und den USA abgesetzt wurden.

Wussten Sie schon, …

dass Opel bis zum Großbrand im Werk Rüsselsheim 1911 exakt eine Million Nähmaschinen gebaut hat?

Siebenstellige Produktionszahlen, eine große Modellvielfalt, immer mehr Hersteller, eine kritischere Einstellung gegenüber dem Automobil und letztlich die Ölkrisen deuteten Anfang der 70er-Jahre an, dass die Massenmotorisierung abgeschlossen war bzw. ihren Zenit erreicht hatte. Mit den Nachfolgemodellen Kadett C (ab 1973), Kadett D (Frontantrieb, ab 1979) oder dem Kleinwagen Corsa A (ab 1982) ließen sich größere Zuwächse am Markt kaum noch erzielen. Erfolgreich waren diese Modelle trotzdem, jedoch keine »Ervolkswagen« mehr.

Opel Olympia Rekord 1953 mit Pontonkarosserie und dem typischen Haifischmaul.

Immer das Maul auf!

Sie haben sicherlich schon mal etwas von einem »Haifischmaul« in Verbindung mit einem Opel Rekord gehört oder gelesen? Falls nicht, dann können Sie hier erfahren, warum die ab dem Modelljahr 1953 gebaute Version des Opel Olympia Rekord mit diesem Begriff so treffend charakterisiert wurde. Rückblende: Seit 1949 lief die fast unveränderte Vorkriegskonstruktion des Opel Olympia in Rüsselsheim vom Band. Doch Nachkriegsdeutschland kam wirtschaftlich immer besser in Schwung. Es wurde wieder Geld verdient und die Autokäufer wollten einen moderneren Gegenwert für ihre hart verdiente D-Mark erhalten. Opel trug dem mit einer völlig neu gestalteten Rekord-Baureihe ab Herbst 1952 Rechnung dank zugelieferter Gestaltungsvorgaben vom Mutterkonzern General Motors in Detroit. Statt einzeln und außen an der Karosserie angesetzter Kotflügel repräsentierte der neue Opel Rekord den in den frühen 50er-Jahren sehr populären Stil einer Pontonkarosserie, bei der die Kotflügel weitgehend in den Wagenkörper integriert waren.

Wussten Sie schon, ...

dass Opel 1901 bereits über 1.000 Mitarbeiter beschäftigte?

Kühlergrill Opel Olympia Rekord 1953

1955

1956

1957

Die geschickt konstruierte Pontonkarosserie erlaubte es Opel, die Optik der neuen Rekord-Baureihe jährlich sowie relativ preiswert kosmetisch zu überarbeiten bzw. frisch zu halten. Der Trend jährlich neuer bzw. optisch überarbeiteter Modelle kam aus den USA und war hierzulande ein Novum. Doch mit der neuen Pontonkarosserie gelang es selbst Opel problemlos, mit immer neuen Grillvariationen und nur leicht modifizierten Blechteilen der Karosserie-Außenhaut die Rekord-Baureihe bis zum Modelljahr 1957 attraktiv zu halten. Allerdings gab es das vom Volksmund für diese Baureihe getaufte »Haifischmaul« nur im ersten Modelljahr 1953. Denn der unten farblich absetzte Kühlergrill wies acht nach hinten weisende »Zähne« auf, die zu allem Überfluss auf ihrer Oberseite noch mit kleinen Chromleisten besonders betont worden waren. Zum Modelljahr 1955 erhielt der Opel Rekord einen ähnlichen Kühlergrill mit noch mehr Zähnen. Doch zu diesem Zeitpunkt war das wahre »Haifischmaul« schon längst geboren.

Im Jahr 1964 die preiswerteste Art, einen großen Opel zu fahren: Kapitän A.

Straßenkreuzer braucht das Land

Es waren wohl die Stylisten bei Opel (heute Designer genannt), die ihren Oberen bereits zu Beginn der 60er-Jahre flüsterten, dass die Zeiten von Panoramascheiben und Heckflossen sich langsam ihrem Ende näherten. Zu dieser Zeit verkaufte sich der damals aktuelle Kapitän (Modell P 2,6, eingeführt August 1959) allerdings noch prächtig und spülte einen Haufen Geld in die Rüsselsheimer Kassen. Trotzdem hatten die Stylisten ihre Augen am Puls der Zeit, denn sie waren mehrfach im Jahr zu Besuch im Stylingcenter von GM in Warren/Michigan. Dort sahen sie anhand der Entwürfe für alsbald aktuelle US-Modelle nicht nur das Dahinschmelzen von Heckflossen und das Kupieren von Panoramascheiben, sondern auch eine neue Sachlichkeit, die den großen Opel-Wagen bisher so gänzlich abging.

Wussten Sie schon, ...

dass Opel 1992 mit dem Vertrieb des Pontiac Trans Sport die erste Großraum-Limousine (Van) im Programm hatte?

Das US-Design der GM-Marken Chevrolet, Buick und Cadillac war damals Sammelpunkt sowie Ideengeber für die Fahrzeuggestaltung in Rüsselsheim. Gewisse Vorgaben seitens GM waren von Opel zwar zu befolgen, wenngleich man sich das eine oder andere Element aus den Staaten mitnehmen und am Main für den europäischen Markt verfeinern konnte. Über die Befolgung der Direktiven wachte damals der Chef des GM-Designs Bill Mitchell. Neben fast zwei Metern Körpergröße eine auch fachlich respektable Person. Er schaute mit strengem wie unbestechlichem Auge über das Schaffen seiner »externen Schäfchen bei Opel« (O-Ton) in puncto Gestaltung. So auch bei der Neugestaltung der großen Opel, die ab Frühjahr 1964 als Dreigestirn Kapitän, Admiral und Diplomat (kurz K.A.D.-A genannt) in Europa auf den Markt kommen sollten.

Bisher gab es nur einen großen Opel und der hieß Kapitän. Sechszylindermotor, große Karosserie mit vier Türen und eine Gestaltung dem Zeitgeschmack entsprechend bzw. manchmal etwas hinterher. Das war das bewährte Erfolgsrezept seit beinahe zwei Jahrzehnten. Doch damit sollte nun Schluss sein. Denn vom neuen großen Opel (Baureihe A) sollte es fortan gleich drei Modellvarianten geben, gepaart mit Sechs- und Achtzylindermotoren. Unerhört, doch fortschrittlich zugleich. Für die Gestaltung der »Neuen großen Drei« konnten die neuesten Ergebnisse und Ideen aus den USA bei Opel Einfluss finden: hervorgestellte vordere Stoßstangen unterhalb der Scheinwerfer nebst einer gespitzten Wagenfront, eine »Belt-

Optisch unterschied sich der Admiral A vom Kapitän nur durch andere Embleme, Zierleisten auf den Schwellern und einen anderen Kühlergrill.

Wer es bis 1965 zu etwas gebracht hatte, konnte sich für 25.000.- DM ein Diplomat A V8 Coupé in Grundausstattung bestellen. Nur 347 Kunden machten von diesem Angebot Gebrauch.

Der opulent ausgestattete Diplomat A verfügte stets über ein Vinyldach und war allein schon deshalb als »Top of the line« leicht auszumachen.

line« genannte Gürtellinie entlang der Wagenflanken sowie eine konkav geformte Heckscheibe, um nur einige Elemente zu nennen.

Wohl zu viel des Guten. Konservative Kunden griffen bis zum November 1968 zwar nach wie vor zu. Doch innerhalb von viereinhalb Jahren konnte Opel nur 89.277 Wagen der K.A.D.-A-Baureihe absetzen, gut 56.000 weniger als vom Vorgänger (Kapitän P 2,6). Ein herber Rückschlag, obwohl man im Februar 1965 noch das attraktive Diplomat Coupé mit 5,4 Liter V8-Motor in Kleinserie (347 Stück) aus der Produktion von Karmann in Osnabrück nachschob. Spätestens jetzt hätte Opel erkennen müssen, dass man nun am Scheideweg stand. Denn der Markt für große Wagen war mittlerweile mit guten Alternativen stark bestückt, die es den großen Wagen von Opel zunehmend schwer machten, waren sie auch noch so gut. Trotzdem mochte Opel hier nicht vom Weg abkommen und begann bereits im Sommer 1967 mit den Planungen für eine Neuauflage der Baureihe.

Wussten Sie schon, ...

dass der Insignia B die letzte Gemeinschaftsentwicklung von Opel und GM war?

Linienfertigung von großen Opel-Limousinen in Rüsselsheim 1926. Während Rahmen und Kotflügel aus Stahl(blech) gefertigt wurden, bestanden die getrennt gefertigten Karosserien aus einem Holzgerüst, das mit Stahlblechen beplankt war.

Selbsttragende Ganzstahlkarosserie

Heute sind selbsttragende Ganzstahlkarosserien im Großserienbau von Automobilen längst gängiger Standard. Ihre Entwicklung und Konstruktion gilt als weitgehend abgeschlossen bzw. ausgereizt. Doch da die Karosserie noch immer bestimmender Faktor in Sachen Fahrzeuggewicht und Sicherheit ist, versucht die Automobilindustrie seit rund zwanzig Jahren, neue Wege mit anderen Werkstoffen zu gehen. Aluminium, Glasfaser- und Kohlefaserverbundwerkstoffe sollen helfen, Fahrzeuggewichte zu senken, die Sicherheit zu erhöhen und die Fertigung zu rationalisieren. In diesen Bereichen dürfte es auch noch in den nächsten zwanzig Jahren innovative wie spannende Entwicklungen geben. Auch bei Opel. Denn hier war man stets auf dem Stand der Technik, zumindest was den Karosseriebau angeht.

In den Anfangstagen von Konstruktion und Bau von Automobilen waren diese noch sehr eng an den Kutschen- und Wagenbau angelehnt, wie er seit Urzeiten bekannt war und beherrscht wurde. Nicht umsonst sprach man Ende des 19. Jahrhunderts von Motorkutschen, wenn die ersten Automobile gemeint waren. Bis Anfang der 30er-Jahre des 20. Jahrhunderts wurden Fahrzeugkarosserien auf einen separaten Rahmen (meist aus Stahl) gesetzt, an dem nicht nur Achsen und der Motor verbaut waren, sondern der auch die tragende Funktion des Fahrzeugs übernahm. Um die Fahrzeuggewichte zu begrenzen und um den Fahrzeugschwerpunkt möglichst niedrig zu halten, fertigte man die Karosserien bis Anfang des 20. Jahrhunderts überwiegend aus Holz. Später gab es dann leichtere Holzgerüste, deren Sichtflächen mit Karosserieblechen beplankt wurden. Zudem fanden vermehrt gedengelte Blechteile (Kotflügel, Spritzbleche etc.) Anwendung. Von Sicherheit sprach zu diesem Zeitpunkt jedoch noch kaum jemand.

Wussten Sie schon, ...

dass Opel 1914 der größte Automobilproduzent im Deutschen Reich war?

Noch vor dem Ersten Weltkrieg gab es große Fortschritte bei der Herstellung von Blechpressen und bei der Legierung von Tiefziehblechen, um größere Karosseriebauteile mit Sicken und Rundungen in gleichbleibender Qualität herzustellen. Im Verbund mit exakter gefertigten Holzbauteilen erreichten die nun hergestellten Karosserien eine deutlich höhere Güte und Präzision, die Grundvoraussetzung für die kommende Großserienfertigung in den 1920er-Jahren war. Immer mehr sowie größere Partien der Karosserien bestanden zwar nun aus Stahlblechen. Doch deren Größe sowie ihrer Formgebung waren bis zum Ende des Jahrzehnts Grenzen gesetzt, da es auch bei Opel nicht die geeigneten Pressen, Stanzen und elektrischen

Schweißmethoden für Dünnbleche in anderen Legierungen gab. Doch das änderte sich beinahe schlagartig, nachdem General Motors (GM) 1929 die überwiegende Mehrheit der Opel-Anteile erworben hatte.

Der neue Opel Olympia mit selbsttragender Ganzstahlkarosserie von 1935. Das mit Plexiglasflächen versehene Demonstrationsmodell zeigte eine voll verschweißte Karosserie mit integriertem Rahmen als Einheit, die ganz ohne Holzgestell und separaten Rahmen auskam.

Denn eine hochmoderne Press- und Stanztechnik, nebst der erforderlichen Spezialbleche zur Herstellung auch sehr großer/gerundeter Bauteile, revolutionierte zu dieser Zeit den Automobilbau in den USA. Dort war man bald imstande, komplett aus Stahlblech gefertigte Karosserien auf die immer noch separaten Rahmen setzen zu können. Mit der Übernahme von Opel durch GM ging eine laufende Neuorganisation von Karosseriekonstruktion und -fertigung in Rüsselsheim einher. GM lieferte Know-how und Maschinen und die Opel-Ingenieure begannen, sich konstruktiv von der Trennung von Rahmen und Karosserie zu verabschieden. Es entstand bis Februar 1935 ein völlig neues Modell namens Opel Olympia, das erstmals über eine selbsttragende Ganzstahlkarosserie nebst vorderer Sollbruchstelle im Rahmengabelprofil (Vorläufer der Knautschzone) verfügte. 1936 folgten der technisch fast baugleiche, jedoch preiswertere Opel Kadett und 1938 der Opel Kapitän mit Sechszylindermotor, beide ebenfalls mit selbsttragender Ganzstahlkarosserie. Bis heute Meilensteine in der Automobilkonstruktion.

Opel baute bereits 1928 stattliche Wagen der Luxusklasse wie diese Pullmann Luxus-Limousine vom Typ Regent mit Achtzylinder-Reihenmotor.

Auf dem Schrottplatz der Historie

Gegen Ende der Goldenen Zwanzigerjahre war Opel auf einem ersten Höhepunkt seiner Firmenhistorie angelangt, denn man durfte sich nun größter Automobilhersteller in Deutschland nennen. Und Erfolg macht süchtig. Anders ist es kaum zu erklären, dass Opel bereits Ende 1927 seinen ersten Achtzylinder-Reihenmotor entwickelte und diesen auf einem speziellen Chassis (mit integrierten Hydraulikwagenhebern) ab Februar 1929 für 14.000.- RM zum Kauf anbot. Also kein fertiges Auto, sondern nur eine fahrbereite Basis, mit dem der Kunde bei Opel direkt oder bei einem externen Karosseriebauer den weiteren Aufbau für ein fertiges Auto in Auftrag geben konnte, was nochmals mit gut 6.000.- RM zu Buche schlug. Ein unerhörter Luxus, denn für einen komplett aufgebauten Regent (heute entsprechend rund 200.000.- €) hätte der Kunde gleich ein paar Opel »Laub-

Wussten Sie schon, ...

dass der kleine Opel Typ 1,8 Liter ebenfalls unter dem Namen »Regent« angeboten wurde?

frosch« kaufen können. Doch ein Auto wie der Regent gehörte schon damals einfach sowie dekadent in das Angebot eines erfolgreichen Herstellers!

Der neue Achtzylinderreihenmotor mit knapp sechs Litern Hubraum leistete 110 PS bei 3.200 U/min. und verfügte über ein Drehmoment von ca. 235 Nm bei 2.800 U/min. Über ein Dreigangschaltgetriebe wurde die Hinterachse angetrieben. Für 1.000.- RM Aufpreis konnte das Getriebe mit einem hinten angeflanschten Maybachschnellgang (Overdrive) ausgestattet werden, der die Motordrehzahl im dritten Gang um rund 30 Prozent reduzierte. Als Höchstgeschwindigkeit wurden 100 km/h bzw. 130 km/h im Schnellgang angegeben. Das Tiefrahmenfahrgestell (Gewicht 1.570 kg inkl. Motor) verfügte über einen Radstand von 3.700 mm sowie über eine Spurweite von 1.500 bzw. 1300 mm vorn/hinten. Auf den sehr großen Holzspeichenrädern (5 x 20″) waren neu entwickelte Continental Niederdruckreifen (32 x 6,75″) vom Typ SS-Ballon aufgezogen. Der neue Regent feierte im November 1928 auf der Int. Automobilausstellung in Berlin seine Premiere.

Auf einem Fahrgestell vom Typ Regent wurde dieses zweitürige Coupé wahrscheinlich von der Firma Kruck karossiert. Es zeigt den stolzen Fritz Opel, denn er gewann mit dem Wagen den ersten Preis bei einer Schönheitskonkurrenz in Baden-Baden 1928.

Der Wagen wusste im Anschluss auch auf diversen Schönheitswettbewerben zu begeistern. Seit Produktionsbeginn im April 1929 konnten immerhin 25 Wagen ausgeliefert werden. Bauteile für ca. zehn weitere Wagen sowie ein Ersatzteilbestand waren bereits gefertigt, da übernahm General Motors (GM) für gut 33 Millionen $ (heute entsprechend ca. 500 Millionen €) zunächst 80 Prozent der Firmenanteile von Opel. Teil des Kaufvertrages war u. a. die Forderung von GM an Opel, alle bereits ausgelieferten Regent-Wagen zurückzukaufen und zusammen mit den im Werk lagernden Teile, Werkzeugen, Prospekten und Konstruktionszeichnungen zu verschrotten. Denn GM hatte die große Befürchtung, dass der Regent eine zu starke Konkurrenz für die eigene (teurere!) Oberklasse von Cadillac und Buick werden könnte.

Mit Panoramafenstern, optionaler Luxusausstattung und zusätzlichem Chromschmuck auf Kundenfang: Kapitän P 2,5. Das goldene »L« findet sich an den hinteren Türen sowie am Kofferdeckel.

Früher war mehr Lametta

Für den Opel Kapitän mit Pontonkarosserie, der bereits im August 1955 bzw. zum Modelljahr 1956 auf den Markt kam, wurde, um Opels Oberklasse als Marktführer für Wagen mit Sechszylindermotoren in Deutschland zu festigen, im Mai 1957 eine weitere Modellpflege mit einer gehobenen »L-Ausstattung« lanciert. Denn im Wirtschaftswunderdeutschland sehnte man sich nach dem gewissen Mehr an Luxus. Dieser Anspruch sollte allein schon optisch gegenüber den Nachbarn zum Ausdruck kommen, weshalb Opel diese Aufwertung des Kapitäns mit einem goldeloxierten »L« (vulgo Luxus) unmissverständlich seitlich auf der Karosserie kennzeichnete. Die L-Ausstattung bescherte dem Kapitän-Kunden

Wussten Sie schon, ...

dass Opel im Sommer 1966 das neue Prüffeld in Dudenhofen mit einer Streckenlänge von 32 km eröffnete?

u. a. Chromleisten unterhalb der Seitenfenster, spezielle Signets, ein gepolstertes Armaturenbrett, Komfortausstattung sowie eine Heizung (auch beim Grundmodell), die bis dahin noch extra bestellt werden musste!

Das Mehr an Luxus der L-Ausstattung kam bei den Kapitän-Kunden gut an. Denn bis Mai 1958 wurden rund Zwei Drittel aller Kapitäne mit dieser Ausstattung geordert. So wundert es nicht, dass Opel dieses System der Luxusausstattung auch für die nachfolgenden Kapitän-Modelle (P 2,5 und P 2,6, P = Panorama) ab dem Modelljahr 1959 beibehielt. Bei diesen beiden Modellen wurde zur optischen Differenzierung das vergoldete »L« an den Wagenflanken beibehalten, obwohl es sich bei der L-Ausstattung hauptsächlich nur um optische Aufwertungen der Serienausstattung handelte. Einige Extras der L-Ausstattung hätten auch von einem Käufer eines »Standard-Kapitän« bestellt werden können. Wohl auch deshalb steht das »L« auf den Kapitän-Modellen der Modelljahre 1956 bis 1963 heute bei vielen spöttisch für »Lametta«, was es letztendlich auch war.

Nach nur zehn Monaten wurde der Kapitän P 2,5 durch den neuen Kapitän P 2,6 im Herbst 1959 ersetzt. Sein goldenes »L« der Luxusausstattung war an den hinteren Seitenwänden sowie am Kofferdeckel zu finden.

Doch damit tut man den Kapitänen der Wirtschaftswunderzeit unrecht. Denn mit diesen Fahrzeugen stieg Opel zum Hersteller Nr. 1 auf dem deutschen Markt bei den großen Autos mit Sechszylindermotoren auf, gefolgt von Mercedes. Und dass, obwohl das Modell Kapitän P 2,5 aufgrund nicht nachlassender Kritik an den zu kleinen hinteren Türen nach nur 34.842 gebauten Exemplaren nur ein Jahr im Angebot verblieb und schon im Sommer 1959 durch das Modell P 2,6 ersetzt wurde. Mit Erfolg. Denn mit diesem optisch wie auch technisch überarbeiteten Kapitän konnte Opel seinen bis heute gültigen Produktionsrekord in der Oberklasse feiern. Zwischen August 1959 und November 1963 liefen insgesamt 145.616 (davon 102.833 Kapitän »L«) in Rüsselsheim von den Bändern.

Das zweite Modell der GM-Marke Saturn nannte sich »L-Series« und wurde ab 1999 als viertürige Limousine und als fünftüriger Kombi angeboten. Es basierte weitgehend auf dem Opel-Modell »Vectra B«.

Mit fremden Federn geschmückt

Als global aufgestellter Automobilkonzern war General Motors (GM) seit jeher nicht darum verlegen, mit Produkten eigener Tochterunternehmen auf allen fünf Kontinenten in den lokalen Märkten mitzumischen. Entweder mit importierten Wagen oder mit eigenen Kreationen, die jedoch oft auf Konstruktionen anderer GM-Divisionen basierten. Egal, ob als Chevrolet, Buick oder Cadillac. Um die Angebote der angestammten Kernmarken in Nordamerika und Kanada (später auch Puerto Rico) nach unten abzurunden und um gleichzeitig den erfolgreichen Japanern die Stirn zu bieten, hob GM Anfang 1990 die neue Marke »Saturn Corporation« aus der Taufe. Mit einem völlig anderen Vertriebskonzept (Exklusivhändler und Festpreise) wollte man damit junge wie auch neue Kunden gewinnen. Das Marketing gab sich dementsprechend unbescheiden, denn man sprach von innovativen Produkten mit hohem technischem Anspruch,

Wussten Sie schon, ...

dass 1996 Manuel Reuter auf einem Opel Calibra Sieger der International Touringcar Championships (ITC) wurde?

Ab 2006 wurde das Opel-Modell »Vectra C« unter dem Namen »Aura« von der GM-Marke Saturn in Nordamerika und Kanada als viertürige Limousine angeboten.

Der Opel Astra (Baureihe H) in der dreitürigen GTC-Variante mutierte ab 2007 mit geänderten Emblemen zum Saturn »Astra«.

gutem Preis-Leistungs-Verhältnis sowie von einem vorbildlichen Kundendienst.

Das erste noch selbst entwickelte Modell (S-Series, Limousine, Coupé und Kombi) lief Ende Juni 1990 im Werk Spring Hill/Tennessee vom Band. Doch schon das nächste Modell (L-Series, Limousine und Kombi) verfügte ab 1999 über Bodengruppe, Karosseriestruktur und Antriebsstrang des Modells »Vectra B« von Opel. Ihm folgte 2006 das nächste Modell (Aura, Limousine), das auf dem Opel-Modell »Vectra C« basierte und auch optisch seinen Ursprung nicht mehr verleugnen konnte. Trotz Adaption weiterer Konzernprodukte (u. a. die SUV Vue, Outlook und Roadster Sky) sackten die Marktanteile von Saturn stetig ab bzw. schafften es bis 2007 nur noch selten über die Marke von zwei Prozent. Von Ende 2007 bis Mitte 2009 importierte GM deshalb den Opel Astra (Baureihe H, Schrägheck-Limousine dreitürig) direkt, an dem als einziges Unterscheidungsmerkmal nur Embleme der Marke Saturn klebten. Ende September 2009 ging GM in den Konkurs und bot Saturn vergeblich zum Kauf an. Seitdem ist Saturn Teil der GM-Geschichte wie auch die Marken Oldsmobile und Pontiac.

Nur von 1958 bis 1959 wurde der Kapitän P 2,5 produziert. Zu klein bemessene hintere Einstiege waren wohl der Grund dafür, dass der Wagen frühzeitig durch ein neues Modell ersetzt wurde.

Aufschlussreich

Markante Elemente von Fahrzeugen werden gern für eine neue Namensbildung herangezogen, damit man auch in weniger profunden Gesprächsrunden sofort das richtige Modell bestimmen kann. So erging es auch dem neuen Opel Kapitän (intern P 2,5 genannt, P = Panoramaverglasung, 2,5 = Hubraum in Liter des Sechszylindermotors), der 1958 auf den Markt kam. Er wurde von den Kunden sehnsüchtig erwartet und Opel sorgte mit geheimnisumwitterten Werbespots für zusätzliche Spannung. Denn bis dato gab es den Kapitän nur mit einer Pontonkarosserie, die doch schon ein wenig angestaubt wirkte. Die Zeit war einfach reif für etwas Neues, was Opel dann auch lieferte. Der neue Kapitän P 2,5 (erstarkt auf 80 PS) präsentierte sich

Wussten Sie schon, ...

dass Opel zwischen 1916 und 1918 insgesamt 1.980 Flugmotoren vom Typ Argus mit 190 PS baute?

im Stil der aktuellen US-Fahrzeugmode wie ein Jahr vorher schon der Opel Olympia Rekord (intern P1 genannt, auch als Caravan lieferbar).

Beide Limousinen verfügten vorn und hinten über großflächige, seitlich in die Wagenflanken geführte Scheiben, was die Rundumsicht deutlich verbesserte und den Begriff Panoramaverglasung salonfähig machte. Die etwas verspielt wirkenden und mit viel Chrom glänzend gestalteten Karosserien verfügten über modische Ansätze von Heckflossen, gepaart mit eher biederer Technik der Vorläufermodelle, die lediglich verbessert bzw. angepasst wurde. Während die Rekord-Limousine erst ab 1959 als Viertürer präsentiert wurde, gab es den Kapitän P 2,5 ausschließlich mit vier Türen. Eine schicksalhafte Entscheidung, die erst durch seine Kundennutzung offensichtlich wurde. Denn das kuppelförmige Wagendach fiel nach hinten ab und die seitlich herumgeführte Heckscheibe wurde durch eine massive C-Säule zur Türöffnung hin abgegrenzt. Dadurch reduzierte sich die hintere Einstiegsöffnung in Breite und Höhe.

Das war natürlich für einen Repräsentativwagen nicht hinnehmbar, bei dem der Hut tragende Fahrzeugeigentümer oft hinten zu sitzen pflegte. Motorpresse und Kunden stimmten alsbald nach Einführung ihre Klagelieder an, die Opel erhörte und sich umgehend dem Problem annahm. Davon abgesehen war der neue Kapitän P 2,5 ein formidabler Reisewagen, der über alle tradierten Vorzüge eines großen Opels verfügte. Und die Kunden ließen sich nicht lumpen, denn erstmals orderte die Hälfte von ihnen den Wagen mit der aufpreispflichtigen Luxusausstattung (Kapitän »L«). Opel machte derweil Nägel mit Köpfen. Anstatt mit gestalterisch problematischen Kunstgriffen das Manko der Karosserie zu beseitigen, wurde gleich ein völlig neues Blechkleid geschneidert.

Die markanten Rückleuchten des Kapitän P 2,5 gaben ihm im Volksmund den Namen »Schlüssellochkapitän«.

Nach nur einem Jahr Bauzeit und 34.842 verkauften Fahrzeugen wurde der Kapitän P 2,5 bereits 1959 durch den optisch gestreckter wirkenden Kapitän P-LV 2,6 ersetzt (LV = Limousine viertürig). Durch eine Erweiterung des Hubraums leistete der Sechszylindermotor nun 90 PS, während die restliche Technik weitgehend der des Vorgängermodells entsprach. Der neue Kapitän P-LV 2,6 sollte sich zum erfolgreichsten Groß-Opel aller Zeiten entwickeln. Bis 1964 wurden 145.616 Wagen abgesetzt, zwei Drittel davon mit Luxusausstattung. Der verflossene Kapitän P 2,5 geriet schnell in Vergessenheit, wenn er nicht über so markante Rückleuchten verfügte hätte, die mit ihrer Form an ein Schlüsselloch an einem Bundbartschloss erinnerten. Seit jenen Tagen ist der Name »Schlüssellochkapitän« in fast aller Munde.

Wussten Sie schon, ...

dass die GM-Marke Pontiac 2002 den Speedster »adoptieren« wollte?

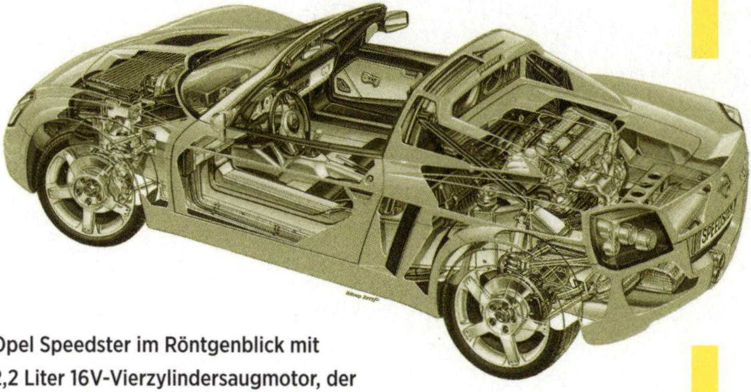

Opel Speedster im Röntgenblick mit 2,2 Liter 16V-Vierzylindersaugmotor, der mit seinen 147 PS mit dem Leergewicht von nur 945 kg leichtes Spiel hatte.

Geboren im Zwielicht

Was macht ein englischer Automobilbauer namens Lotus Cars Ltd., 1952 gegründet von Colin Chapman, gegen Ende der 1990er-Jahre, wenn er im Prinzip pleite ist, doch sein einziger Umsatzbringer, das Modell »Elise Serie S 01«, dringend eine Frischzellenkur benötigt? Ganz einfach, er klingelt direkt bei seinem ehemaligen Miteigentümer General Motors (1983 bis 1993) an und fragt, ob er nicht Lust auf einen leistungsfähigen Sportwagen hat, um sein »lahmarschiges« (O-Ton Chapman) Portfolio in Europa etwas aufzupeppen. Sie staunen? Doch genauso hat es sich zugetragen. Der damals aktuelle Mehrheitseigentümer, die malaysische Perusahaan Otomobil Nasional Bhd (Proton), zog alle Register, um Lotus am Leben und den Wert der Investition zu erhalten. Dafür waren alle Mittel recht. Lotus-Fans sprechen bis heute davon, dass die Firma

Wer es noch flotter haben möchte, der nimmt den Opel Speedster Turbo mit 2,0 Liter 16V-Vierzylinderturbomotor. Seine 200 PS machen den Roadster zur Fahrmaschine.

damals ihre Seele verkauft hätte. Doch die Wahrheit liegt, wie so oft, dazwischen.

Lotus hatte das Know-How, der aktuelle Eigentümer wollte Lotus möglichst zum Dumpingpreis leben lassen und GM hatte (noch) das nötige Geld. Das sind Fakten, aus denen automobile Träume erwachsen bzw. ein Leichtbau-Roadster mit Mittelmotor. In diesem Fall war es nicht nur die Evolution bzw. das zweite Leben der Lotus Elise, sondern die Geburtsstunde der fast baugleichen Modelle Opel »Speedster« und Vauxhall »VX 220«. Denn Opel feierte 1999 den 100. Geburtstag seiner Automobilproduktion und stellte im März des Jahres den »Speedster« als Studie auf dem Genfer Autosalon vor. Doch es sollte noch bis zum Mai 2001 dauern, bis die ersten Wagen zu den Händlern kamen.

Wussten Sie schon, ...

dass Opel nicht die gleichnamigen Kekse und Kinderwagen produzierte?

Gegen Ende 1997 war der Deal zwischen GM und Lotus perfekt. In der englischen Sportwagenschmiede in Hethel/GB ging man unter der Projektbezeichnung »Typ 116« an die Arbeit, parallel für die neue »Elise S 02« und für den »Speedster«. Das bereits für den »Elise S 01« von Lotus-Mitarbeiter Richard Rackham entwickelte und von »Hydro Aluminium« in Dänemark produzierte Aluchassis mit geklebten Verbindungen wurde nur leicht modifiziert und zur Aufnahme unterschiedlicher Karosserien aus glasfaserverstärktem Kunststoff vorbereitet. Neben einer

Überarbeitung des Fahrwerks und einer Verlängerung des Radstands um knapp 30 mm, wurde auch der Heckbereich nun so gestaltet, dass verschiedene Motoren/Antriebe darin Platz fanden.

Während Lotus seine Karosserie für die neue »Elise« selbst entwickelte, wurde bei Opel ein Designprojektteam unter der Leitung von Doris Bernhardt mit der Gestaltung beauftragt. Obwohl es am Lotus-Chassis viele vorgegebene Fixpunkte gab, gelang es, dem neuen Roadster von Opel ein eigenständiges wie markantes Erscheinungsbild zu geben. Die GM-Tochter Vauxhall hatte übrigens keinen Einfluss bei der Entwicklung ihres »VX 220«, wie öfter behauptet wird. GM plante den Bau von 10.000 Fahrzeugen, was auch Kalkulationsgrundlage für den Vertrag mit Lotus war. Zum Verkaufsstart im März 2001 wurden »Speedster« und »VX 220« mit einem neu entwickelten 2,2 Liter 16V-Vierzylindersaugmotor (Typ Z22SE L61, 108 kW/147 PS), gekoppelt mit einem Fünfgangschaltgetriebe, ABS und Heckantrieb ausgestattet. Grundpreis in Deutschland: 30.530.- €.

Bis Ende 2001 hatten die produktionsbegleitend in Hethel tätigen Opel-Ingenieure jedoch alle Hände voll zu tun, bis das Qualitätsniveau der Wagen auch nur annähernd dem gewünschten Standard entsprach. Bis zum September 2003 wurden die Wagen laufend im Detail verbessert und eine weitere Motorvariante nachgeschoben: 2,0 Liter 16V-Vierzylinderturbomotor (Typ Z20LET L70, 147 kW/200 PS). Beim Vauxhall legte man noch eine Schippe drauf und offerierte mit dem Modell »VXR 220« einen 2,0 Liter 16V-Vierzylinderturbomotor mit 162 kW/220 PS nebst weiterer Sportextras. Nachdem im Mai 2004 die Produktqualität nochmals erhöht wurde und im September 2004 der 2,2 Liter Motor entfiel, lief am 21. Juli 2005 der letzte Wagen vom Band. Insgesamt wurden 7.207 »Speedster« und »VX 220« produziert, von denen rund 1.700 Exemplare in Deutschland abgesetzt werden konnten.

Schriftzug »CarAvan« an der Heckklappe des Olympia Rekord des Modelljahrs 1953.

Car A Van

Wohl jeder kennt die Namensgebung »Caravan« für Kombinationskraftwagen der Marke Opel – im Sprachgebrauch als Kombi heruntergebrochen. Doch was war und ist mit dem Begriff »Caravan« gemeint? Darüber streiten sich selbst heute noch Opel-Experten. Wie in der Überschrift schon zu sehen, scheint sich der landläufige Begriff »Caravan« doch anders zusammenzusetzen, als bisher bekannt. Zudem ist dieser Begriff für einen Kombi seit der Einstellung des Astra H Caravan im September 2010 selbst bei Opel schon ausgestorben. Denn seit Einführung des Insignia A als »Caravan« im Oktober 2008 heißen alle Opel-Kombis neudeutsch »Sports Tourer«.

Wussten Sie schon, ...

dass 1919 die Opel-Einfahrbahn als erste Teststrecke in Deutschland fertiggestellt wurde?

Die Geschichte des ersten Caravans bei Opel begann 1951 mit der ersten Nachkriegsneukonstruktion des Olympia Rekord mit moderner Pontonkarosserie. Damals erhielt Opel fertig gestaltete Vorgaben für neue Fahrzeuge vom Mutterkonzern General Motors (GM) aus dem Stylingcenter in Warren/Michigan. In der damals bei Opel noch Modellraum genannten Abteilung erhielten die aus den USA angelieferten Modelle aus Ton oder Plastilin

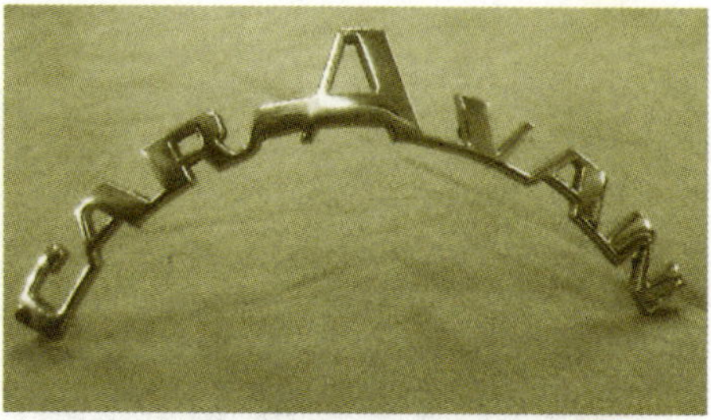

Schriftzug »CarAvan« auf der Motorhaube des Olympia Rekord des Modelljahrs 1953.

Schriftzug »CarAvan« an der Heckklappe des Kadett A des Modelljahrs 1963.

im Maßstab 1:1 lediglich noch kleine Überarbeitungen in den Bereichen Innenausstattung und Zierrat sowie Anpassungen an die deutschen Zulassungsvorschriften. Ein eigenes Stylingcenter, verbunden mit mehr gestalterischer Eigenständigkeit, wurde bei Opel erst später eingerichtet.

Für den neuen Rekord (Modell 1953), das im Juli 1953 in den Vertrieb gehen sollte, waren neben einer zweitürigen Stufenheck-Limousine sowie deren Variante einer Cabriolet-Limousine auch ein verglastes, dreitüriges Kombimodell vorgesehen. Eine bei den GM-Marken schon seit Ende der 40er-Jahre beliebte Erweiterung der Personenwagenreihen. Unverglaste Lieferwagen (Panel Wagon oder Van) auf Basis von Personenwagen waren in den USA zwar schon länger bekannt. Doch verglaste Personenwagen im Stil eines Lie-

Prospekttitel Olympia Rekord Caravan des Modelljahrs 1953.

ferwagens als Angebotserweiterung mussten den Kunden erst schmackhaft gemacht werden. Denn bis dato mussten Opel-Kunden, die einen verglasten Kombi haben wollten, sich einen unverglasten Lieferwagen bei Karosseriebaufirmen wie z. B. Autenrieth umbauen lassen. Man kam im Marketing deshalb auf die Idee, diese Kombination aus Auto (Car) und Lieferwagen (Van) mit einer neuen Begrifflichkeit auszustatten: Car and Van, kurz »Car A Van«.

Wussten Sie schon, ...

dass Opel 1907 die Produktion von Motorzweirädern einstellte, um sie 1920 wieder aufzunehmen?

Da es bis dahin diese Art von Personenwagen bei Opel so noch nicht im Angebot gegeben hatte, mussten die Gestalter in Rüsselsheim sich etwas Griffigeres für den deutschen Markt einfallen lassen. Da man von

Olympia Rekord Caravan des Modelljahrs 1953.

dem englisch angehauchten wie vorgegebenen Begriff nicht ablassen durfte, zog man die drei US-Worte kurzerhand zum Namen »Caravan« zusammen – zumindest in der Werbung und in den Prospekten. Denn an den Fahrzeugen wurde das »A« im Schriftzug bis Mitte der 60er-Jahre immer noch als Versalie dargestellt.

Zeichnungen der Zeit

Werbemotiv für die GM-Automarke Pontiac von 1969 für das Modell LeMans Hardtop Coupé, gezeichnet von Art Fitzpatrick und Van Kaufman. Sie verewigten sich auf den meisten ihrer Zeichnungen unten rechts mit den Kürzeln »AF und VK«.

Ich darf mich an dieser Stelle als Fan der inzwischen vom Markt verschwundenen US-Automarke Pontiac outen, die zum GM-Konzern gehörte und stets für sportlich-elegante Fahrzeuge stand. Berühmte Modelle wie GTO, Firebird, Catalina oder der Grand Prix mögen dafür stehen. Doch besonders gern mag ich die Werbemotive der-Jahre 1959 bis 1971, die von den Künstlern Art Fitzpatrick und Van Kaufman gezeichnet wurden. Während Fitzpatrick die Autos in etwas übertriebener Breite und mit niedriger Gürtellinie zeichnete, brachte Kaufman Bildhintergründe und Personen des damaligen »Way of life« zu Papier. Zusammengefügt entstanden zum Teil hinreißende Motive, die stets Eleganz und Kraft von Marke und Produkten hervorhoben. Einige Motive muten fast wie ein Cartoon an, während andere den hohen Anspruch der Marke Pontiac und seiner Kunden widerspiegelten. Doch was hat das mit Opel zu tun? Eine Menge!

Denn Opel war zu der betreffenden Zeit die erfolgreiche europäische Speerspitze von GM. Doch vieles, was bis Anfang der 60er-Jahre in der US-Zentrale in Detroit von den Zeichentischen fiel, hatte bei Opel oft Vorlage für die Gestaltung zu sein. Vor allem bei Fahrzeugen. Was die Ausarbeitung von Werbemotiven für Europa betraf, ließ GM relativ große Spielräume zu, den Opel und die beauftragte Werbeagentur McCann zu nutzen wussten. Europäischer Geschmack und die zu transportierenden Botschaften der Opel-Werbemotive unterschieden sich eben deutlich von denen des US-Marktes. Trotzdem adaptierte die beauftragte Werbeagentur Ende der 60er-Jahre die populären Werbemotive von Pontiac, indem sie das US-Grafikerduo »Fitz & Van« primär für die Modelle Diplomat B, Rekord D und Commodore B zeichnen ließen. Diese waren übrigens seit November 1971 nicht mehr für GM tätig und suchten neue Herausforderungen.

Allerdings währte die Zusammenarbeit nicht lange, obwohl sich die beiden US-Grafiker große Mühe gaben. Es entstanden zum Teil wirklich sehenswerte Bilder, teils sogar mit Bezügen zur Opel-Historie im Hintergrund. Doch in Europa wurden die gezeichneten Werbebotschaften von Kunden und Händlern schnell als übertrieben, comichaft und gar kitschig angelehnt. Bereits knapp drei Jahre später kehrte die Opel-Werbung wieder zu fotografischen Motiven zurück, die jedoch noch eine Zeit lang mit ihren Szenarien von den US-Grafiken beeinflusst waren.

Werbemotiv von Opel für das neue Rekord II Coupé (Baureihe D) von 1972, gezeichnet von Art Fitzpatrick und Van Kaufman. Während der Wagen sehr detailliert, scharfkantig und in der Form übertrieben dargestellt ist, scheint der Hintergrund eher mit einem flotten Strich gezeichnet zu sein.

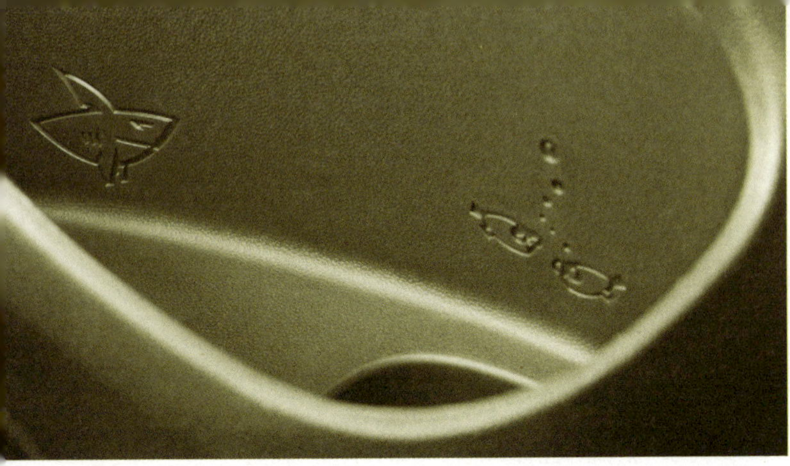

Seit 2012 geht ein Hai im Ablagefach hinten links des Opel Adam auf Beutejagd.

Vorsicht Haie!

Als sich 2004 die neue Generation des Opel Corsa (Baureihe D, 2006 bis 2014) noch in der Gestaltungsphase im Exterior Design befand, mussten auch unzählige Bauteile und Details für den Innenraum gestaltet werden. Diese Aufgabe fiel bei Opel der Abteilung Interior Design zu. Einer der Mitarbeiter, Dietmar Finger, damals Interior Assistant Chief Designer im Corsa-Studio, hatte die Aufgabe, die stabilisierenden Lamellen an der Außenseite des Handschuhfachs zu designen. Nach einer arbeitsreichen Woche saß er an einem Sonntagnachmittag zu Hause und zeichnete an einem Entwurf. Da kam sein Sohn vorbei, schaute auf seine Skizze und fragte: »Papa, warum zeichnest du nicht einfach einen Hai?« Dietmar dachte sich »Warum nicht?« und stellte die Idee Niels Loeb vor, dem damaligen Chefdesigner des Corsa. Der war begeistert, der Hai am Handschuhfach ging in Serie und die Geschichte der Opel-Haie nahm ihren Anfang.

Wussten Sie schon, ...

dass am 6. September 1971 der zehnmillionste Opel-Wagen in Rüsselsheim vom Band lief?

Daraus entstand ein interner Kult. Jeder Interior Chief Designer sorgte seitdem dafür, dass er am Ende des Entwicklungsprozesses irgendwo im Innenraum mindestens einen Hai unterbrachte. Wo sie platziert wurden, das entschied er ganz allein und sagte es auch nicht der Designführungsriege. So blieben die Haie in der Regel bis zum Launch eines Autos unentdeckt. Irgendwann begann das Interior Design damit, die Journalisten während der Fahrzeugvorstellungen dazu zu ermutigen, die versteckten Haie zu suchen. Im Laufe der Zeit verselbstständigte sich die Geschichte. Fans der Marke und Journalisten sprechen seitdem das Interior Design direkt darauf an und schreiben in ihren Berichten darüber.

Der »Hai-Kult« zeigt, wie nahbar die Marke Opel ist. Und bei aller Professionalität, die dabei an den Tag gelegt wird: Die Hai-Episode verdeutlicht, dass man durchaus auch mit Humor bei der Sache ist. Es gibt ein starkes Zusammengehörigkeitsgefühl innerhalb der Opel-Familie, das in der gesamten Branche wahrgenommen wird. Das meint zumindest Karim Giordimaina, heute Director Interior Design und Chef von 80 Mitarbeitern. Wer diesen Kult selbst nachspüren möchte, dem empfehle ich eine Entdeckungstour durch die Innenräume der Opel-Modelle Adam, Karl, Corsa D+E, Astra K, Meriva B, Crossand X, Grandland X, Mokka X, Cascada und Insignia A+B.

Im brandneuen Opel Crossland X findet man einen Hai auf dem Scharnier des Handschuhfachdeckels.

Wie einst schon beim Kadett A, hieß es auch beim Opel Corsa A ab 1982: »Ein neuer Wagen, ein neues Werk.« In diesem Fall war das Werk im spanischen Zaragoza gemeint.

Kleiner Gernegroß

Anfang der 70er-Jahre war der Ölpreisschock noch nicht ganz verdaut, hatte aber schon nachhaltige Spuren in der Autolandschaft hinterlassen. Plötzlich waren Klein- und Kleinstwagen stärker gefragt. Doch die schon immer etwas träge deutsche Automobilindustrie konnte die Nachfrage kaum befriedigen. Stattdessen musste sie das Feld Herstellern aus Frankreich und Italien überlassen, die bereits mit modernen Kleinwagen am Markt vertreten waren. Und die Japaner standen ebenfalls in den Startlöchern. Im Oktober 1974 führte Audi den dreitürigen Schrägheckkleinwagen »Audi 50« mit Frontantrieb ein, der jedoch ziemlich teuer war. Im März 1975 zog Volkswagen mit der ersten Generation des »VW Polo« nach. Dieser entsprach technisch wie

Wussten Sie schon, ...

dass Opel schon 1923 die Widerstandsschweißung zur Verbindung von Karosserieblechen einsetzte?

Mit Schutzwachs überzogene Corsa A warten auf dem Werksparkplatz in Zaragoza auf ihren Abtransport zu den Händlern in ganz Europa.

konstruktiv dem »Audi 50«, war jedoch sehr kärglich ausgestattet und nur dadurch preisgünstiger.

Und was machte Opel? Hier war man im Herbst 1974 immer noch mit dem heckgetriebenen Kadett C als kleinste Baureihe unterwegs. Natürlich wusste man in Rüsselsheim, was in Ingolstadt und Wolfsburg an Konzepten für neue Kleinwagen ausgebrütet wurde. Doch Opel war technisch und konzeptionell noch nicht in der Lage, hier gegenzuhalten. Während andere Hersteller schon Ende der 60er-Jahre Kleinwagenprojekte anschoben, hielt Opel in Treue fest zu seinem seit Jahrzehnten erfolgreichen Portfolio. Als erste Reaktion auf den veränderten Markt und die neuen Kleinen von Audi/VW kupierte man das Heck der zweitürigen Kadett-C-Stufenheck-Limousine zur

Corsa GL, 2türig

Corsa GL, 3türig

Corsa GL, 5türig

Corsa GL, 4türig

Alle Karosserievarianten des Corsa A auf einen Blick.

Schrägheck-Limousine mit Heckklappe. Der Verkaufsstart für den neuen Kadett C »City« war Mai 1975.

Erst im August 1979 konnte Opel den neuen »Kadett D« als Schrägheck-Limousine und als Caravan mit Frontantrieb ausliefern. Zu diesem Zeitpunkt war der Hauptkonkurrent »VW Golf I« bereits seit gut vier Jahren auf dem Markt! Doch man darf Opel hier nicht vorschnell verurteilen. Zwar sah man bei der Konzernmutter General Motors (GM) und auch bei Opel bis etwa Mitte 1976 mangels Absatzchancen nicht die Notwendigkeit einer fünften Baureihe und die Produktionskapazitäten dafür waren ebenfalls nicht vorhanden. Doch ein Umdenken setzte ein und im Sommer 1977 wurde der Beschluss für einen neuen Kleinwagen »S-Car« gefasst, der in einem völlig neuen Werk in Zaragoza (Spanien) produziert werden sollte. Die Entwicklung des neuen Opel-Kleinwagens mit Frontantrieb namens »Corsa« dauerte bis Mitte 1982. Die Produktion des neuen Corsa (Baureihe A) im Werk begann im August 1982. Zunächst jedoch nur als dreitürige Schrägheck-Limousine und als zweitürige Stufenheck-Limousine.

Technisch bot der fünfsitzige Corsa A solide Hausmannskost: Quer eingebaute Vierzylindermotoren mit 1,0 bis 1,6 Liter Hubraum (40 bis 100 PS), die mit Vier- oder Fünfganggetrieben verbockt waren. Bis zum Februar 1983 wurde der Corsa A nur in Spanien und Frankreich verkauft, bevor er nach Deutschland kam. Im April 1985 kamen die fünftürige Schrägheck-Limousine sowie die viertürige Stufenheck-Limousine hinzu (in Deutschland nur bis Oktober 1987). Bis zum Jahresende 1992 liefen insgesamt 3.105.430 Corsa A von den spanischen Bändern. Seitdem ist der Corsa fester Bestandteil des Opel-Modellprogramms. Bis Herbst 2019 wird die fünfte Generation des Corsa (Baureihe E) noch im Angebot verbleiben, bevor er einen Nachfolger erhält, der auf der französischen Basis des Peugeot 208 aufbauen wird.

Ein Opel Manta B mit einem Fuchsschwanz an der Antenne stürzt für die Dreharbeiten zum ersten Mantafilm »Manta – Der Film« im Sommer 1991 spektakulär ins Wasser.

Der Fuchsschwanz

Wohl kein Accessoire ist enger mit einem Opel-Modell verbunden als der Fuchsschwanz. Er scheint seit Anfang der 1990er-Jahre, als die beiden unsäglich blöden Mantafilme in den deutschen Kinos liefen, bei jedem Opel Manta quasi zur Grundausstattung zu gehören. Hier die Uhr wieder zurückdrehen zu wollen, darf als hoffnungsloses Unterfangen gelten. Auf ewig wird der Fuchsschwanz zum Manta gehören wie die Milch zur Kuh. Allerdings nur in Deutschland. International hat ein Fuchsschwanz in einem Manta nichts zu suchen. Schon komisch, oder? Da scheint ein wenig Aufklärung rund um dieses bekannte Zubehör angebracht zu sein. Denn der Autor ist seit über 40 Jahren bekennender Mantafahrer und kennt wohl fast alle Fakten.

Wussten Sie schon, ...

dass Opel 1911 die erste Feuerspritze auf einem Lastwagenchassis für die Werksfeuerwehr baute?

Fuchsschwänze, egal ob echt und ausgestopft oder später aus Kunstfell mit Schnureinlage, waren seit den späten 50er-Jahren immer öfter an Antennen, Rückspiegeln und Schlüsselbünden von Autofahrern zu sehen. Übrigens in ganz Europa, sofern es in dem betreffenden Land (noch) Füchse gab. Noch allerdings war der Fuchsschwanz weder mit einer Automarke bzw. mit einem bestimmten Modell verbunden. Es schien sich wohl um eine damals als besonderes witzig empfundene der Zurschaustellung der »Leistungsfähigkeit« von Mensch und Maschine gehandelt zu haben. Jeder, der was auf sich hielt, versuchte, einen Fuchs auf freier Fahrbahn mit dem Auto zu erlegen, um dann den verlängerten Rücken stolz die Trophäe zeigen zu können.

Letztlich durch die beiden Mantafilme fand der Fuchsschwanz seine wahre Bestimmung. Hier hängt ein Exemplar aus Kunstfell im Manta B des Hauptdarstellers Berti im zweiten Mantafilm »Manta Manta«.

Nachlassender Jagdinstinkt seitens der Autofahrer dürfte Mitte der 60er-Jahre wohl Hauptursache für die Aufnahme der industriellen Produktion von Fuchsschwänzen gewesen sein. Denn nach wie vor gehörte es zum guten Ton, wenn man sich und sein Auto mit einem Fuchsschwanz von der breiten Masse abheben konnte. Füchse schien es für diesen Zweck noch ausreichend zu geben. Denn für die Herstellung von besonders ansehnlichen Exemplaren gingen Jäger, Förster und Wilderer gern auf die Pirsch. Doch die Nachfrage überstieg schon bald das Angebot bzw. die Abschusszahlen. Kurz darauf gab es an fast jeder Tankstelle und im Autozubehör (unechte) Fuchsschwänze in jeder Farbe und Größe. Für ein paar Jahre ging das noch als Gag durch. Doch dann, Anfang der 70er-Jahre, war der Spaß vorbei. Mit einem Schlag verschwanden

Hauptdarsteller Manfred Grabowski wurde in den Mantaclub aufgenommen und präsentiert voller Stolz die Insignien seiner Vollmitgliedschaft: Fuchsschwanz und Mantaletten.

damals die Fuchsschwänze in Mülltonnen oder Kellern (die Hoffnung stirbt zuletzt). Einige Exemplare überlebten an Bonanza-Fahrrädern.

Nur ewig Gestrige und bekennende Autoproleten waren fortan noch mit diesem Accessoire unterwegs. Zum Ende der »Wilden Siebziger« galt der Fuchsschwanz, auch in Autodeutschland, als ausgestorben. Seine Renaissance erlebte der Fuchsschwanz erst im Frühjahr 1991, als unbedarfte Requisiteure während der Dreharbeiten zu den beiden o. g. Mantafilmen Fuchsschwänze an Rückspiegel und Antennen von Mantas hängten. Seitdem hat der Fuchsschwanz endlich seine richtige Schublade gefunden, aus der er bis heute nicht mehr wegzudenken ist. Heute ist der Fuchsschwanz unter Mantafahrern selbstironischer Kult, der einfach dazugehört. Echte Originale sind gesucht und billige Kopien gibt es hin und wieder als Präsent für die Besucher von Mantatreffen.

Wussten Sie schon, ...

dass Fuchsschwänze Anfang der 1970er-Jahre Karriere an Bonanza-Fahrrädern machten?

Von Null auf 120

Im Jahr 2019 knallten in Rüsselsheim die Sektkorken. Denn dann kann Opel sein Jubiläum von 120 Jahren als Automobilhersteller feiern. In der heutigen Zeit können weltweit nur noch wenige Firmen auf eine derart lange und erfolgreiche Tradition zurückblicken. 1899 wurden bei Opel in Rüsselsheim die ersten elf Exemplare des Patent-Motorwagens »System Lutzmann« gefertigt. Zu diesem Zeitpunkt war das von Adam Opel 1862 gegründete Unternehmen bereits seit 37 Jahren am Markt erfolgreich und verkaufte ca. 24.000 Nähmaschinen sowie 14.922 Fahrräder.

Der Gründer erlebte die Aufnahme der Automobilproduktion jedoch nicht mehr. Adam Opel starb am 8. September 1895. Doch seine Söhne Fritz und Wilhelm erkannten weitsichtig die zukünftigen Erfolgsaussichten einer eigenen Automobilproduktion. Anfangs fertigte man zwar nur Lizenzbauten (Lutzmann und Darracq), stellte daraus aber schon Personenwagen und Nutzfahrzeuge her, nach Kundenwunsch. Bis zum Herbst 1902 entwickelte Opel sein erstes eigenes Automobil (Typ 10/12 PS) mit Zweizylindermotor, aus dem binnen eines Jahres unterschiedliche Motorstärken bzw. Modelle abgeleitet werden konnten.

Als man Anfang 1906 bei Opel die Produktion des 1.000 Automobils feierte, lag die Aufnahme der Motorradproduktion schon fünf Jahre zurück. Man war auf einem guten Weg. Denn Opel legte bei allen seinen Produkten stets größten Wert auf Qualität, Solidität, Modernität und Preiswürdigkeit. Tugenden, die ihren Ursprung bei Adam Opel hatten und die seine Söhne bzw. seine Familie zu immer neuen Stufen des Erfolgs tragen sollten. Wir beschränken uns bei der nachfolgenden Chronik allerdings auf die Automobile. Denn diese Erfolgsgeschichte ist besonders reich an Höhepunkten.

1899: Erste Autos nach »System Lutzmann«
1900: Nur 24 Automobile werden verkauft
1901: Lizenzbau von Darracq-Automobilen
1902: Vorstellung Opel-Wagen Typ 10/12 PS
1903: Bau des ersten Vierzylindermotors
1904: Trennung Pkw- und Lkw-Produktion
1905: Motoren werden im Werk eingefahren
1906: Erstes Opel-Taxi vom Typ 12/14 PS
1907: Auslieferung des 1.000 Fahrzeugs
1908: Sportwagenchassis mit 18 bis 100 PS
1909: Opel »Doktorwagen« Typ 4/8 PS
1910: Neuer Vierzylindermotor 1,8 Liter, 16 PS
1911: Großbrand verschont Fahrzeugfertigung
1912: Erstes Automobil mit 10,2 Liter, 100 PS
1913: Rennwagen mit 16V OHC-Motor
1914: Kleinwagen »Puppchen«, Typ 5/14 PS
1915: Größter Lkw-Produzent in Deutschland
1916: Erster Sechszylindermotor 4,7 Liter, 56 PS
1917: Kriegsbedingter Produktionsrückgang
1918: Produktionsstopp im November
1919: Jahresproduktion sinkt auf nur 512 Pkw
1920: Opel fährt wieder Autorennen
1921: Hupe und elektrischer Anlasser als Extras
1922: Trotz Inflation werden 1.496 Pkw gebaut
1923: Neue Lacke beschleunigen Produktion
1924: Beginn der Fließbandproduktion
1925: Erste Versuche mit Raketenantrieben
1926: Opel zieht sich aus dem Motorsport zurück
1927: Neue Pressen formen modernste Bleche
1928: Preissenkungen steigern den Absatz
1929: GM übernimmt 80 Prozent der Opel-Anteile
1930: Neues Modell »1,8 Liter« wird präsentiert
1931: Opel geht offensiv in den Export
1932: Weltwirtschaftskrise: Verluste bei Opel und GM

Wussten Sie schon, ...

dass Opel ab den 1950er-Jahren Bauteile für Seifenkisten anbot?

1933: Erste Werbung mit »Opel der Zuverlässige«
1934: Neue Modelle mit 1,3 und 2,0 Liter Hubraum
1935: Modell Olympia mit selbsttragender Karosserie
1936: Der Kadett wird das neue Einstiegsmodell
1937: Super 6 und Admiral bringen Luxusglanz
1938: Das Modell Kapitän kommt an Deck
1939: Feldgraue Schatten auf dem Erfolg
1940: Einstellung der Pkw-Produktion
1941: Jahresproduktion: 0 Pkw, 19.432 Lkw
1942: Blitz-Lkw »Maultier« mit Halbkettenantrieb
1943: Jahresproduktion: 11 Pkw, 23.232 Lkw
1944: Das Lkw-Werk in Brandenburg wird zerstört
1945: Opel baut kein einziges Fahrzeug
1946: Erste Blitz-Lkw für das Wirtschaftswunder
1947: Neuanfang mit dem Olympia Modell 47
1948: Der Opel Kapitän läuft wieder vom Band
1949: Aufwärts: Jahresproduktion 27.990 Pkw
1950: Abschluss Wiederaufbau in Rüsselsheim
1951: Entfall Einfahrvorschriften für Motoren
1952: Das Wirtschaftswunder steht ante portas
1953: Olympia und Kapitän mit Pontonkarosserie
1954: Hektische Wechsel im Karosseriedesign
1955: Jedes Jahr mindestens ein neues Modell
1956: Bau des zweimillionsten Opel-Wagens
1957: Amerikanische Bürgerkunde: Rekord P1
1958: Oberklasse im Panorama: Kapitän P 2,5
1959: Neu: Kapitän P 2,6 und Opel 1200
1960: Noch mehr Panorama: Olympia Rekord P2
1961: Elektronik steuert die Pkw-Produktion
1962: Kadett A aus dem neuen Werk in Bochum
1963: Schlicht und ohne Panorama: Rekord A
1964: Amischlitten: Kapitän, Admiral, Diplomat A
1965: Wagen für das Volk: Kadett B und Rekord B
1966: Der Rekord C wird ein Erfolgsmodell

1967: Neue Klassen: Olympia A und Commodore A
1968: Der Opel GT wird Opels erster Sportwagen
1969: Neuer Luxus: Kapitän, Admiral, Diplomat B
1970: Ascona und Manta A erobern neue Märkte
1971: Italienischer Stil: Rekord D und Commodore B
1972: Mehr als 10 Millionen Opel sind produziert
1973: Der Kadett C wird das erste Weltauto
1974: Ölkrise und eine neue Sparsamkeit
1975: Evolution des Erfolgs: Ascona und Manta B
1976: Opel baut knapp 4.000 Fahrzeuge pro Tag
1977: Die neue Mitte: Rekord E und Commodore C
1978: Reduzierte Oberklasse: Monza und Senator A
1979: Der erste Opel mit Frontantrieb heißt Kadett D
1980: Opel ist technisch nicht mehr Vorreiter
1981: Ascona C: Frontantrieb für die Mittelklasse
1982: Der neue Corsa A ist Opels erster Kleinwagen
1983: Mehr als 20 Millionen Opel sind produziert
1984: Sichtbare Aerodynamik: Kadett E
1985: Geregelte Katalysatoren bringen Erfolge
1986: Fahrzeugentwicklung nur noch per Computer
1987: Technik, die begeistert: Omega A + Senator B
1988: Modernste Entwicklung: Vectra A
1989: Aerodynamikweltmeister: Calibra A
1990: Sportlimos: Omega Evo 500 und Lotus Omega
1991: Fremde in eigenen Reihen: Campo + Frontera
1992: Corsa B wird zum knuffigen Frauenautos
1993: Manager Lopez hinterlässt verbrannte Erde
1994: Besser, größer, moderner, Omega B?
1995: Mehr Styling in der Mittelklasse: Vectra B
1996: M. Reuter wird ITC-Champion auf Calibra
1997: Der Van Sintra wird aus den USA importiert
1998: Der erste vollverzinkte Opel heißt Astra G
1999: Porsche konstruiert den Minivan Zafira A
2000: Neu: Corsa C und Agila A (Suzuki-Clone)

Wussten Sie schon, ...

dass es 1999 Pläne für eine Wiederaufnahme der Fahrradproduktion gab?

2001: Mehr als 55 Millionen Opel sind produziert
2002: Neu: Vectra C, Meriva A und Combo C
2003: Der Opel Signum ist seiner Zeit weit voraus
2004: Neu: Astra H und Tigra A Cabriolet
2005: Opel firmiert in Adam Opel GmbH um
2006: Neu: Corsa D, Opel GT und Astra Twin Top
2007: Zwei Millionen Fahrzeuge aus Eisenach
2008: Der neue Insignia A wird Hoffnungsträger
2009: Ein neuer Astra J macht noch keinen Sommer
2010: Neuauflage: Meriva B mit Knick in der Seite
2011: Es geht auch elektrisch vorwärts: Ampera A
2012: Prost Kaffee: Das neue Opel SUV Mokka
2013: GM leistet nochmals Anschubhilfe für Opel
2014: Neu: Adam, Corsa E und Verkaufsgerüchte
2015: Der Kleinwagen Opel Karl wird importiert
2016: Immer noch Leistungsträger: Astra K
2017: Opel wird von GM an PSA verkauft
2018: Französischer Mix: Crossland + Grandland
2019: Reduzierte Vielfalt und mehr Varianten

Die Steuer fest in der Hand

Einer der ersten Prospekte für Fahrräder und Motorwagen von Opel erschien 1899.

Die Regelungen für die Besteuerung von Kraftfahrzeugen in Deutschland sind mindestens so alt wie das Automobil selbst. Gleiches darf für die Vielfalt gelten. So bot Opel 1906 schon 15 verschiedene Modelle mit neuen unterschiedlichen Motorisierungen an. Auch bei anderen Herstellern hatte seit dem Jahr 1900 die Zahl der Varianten und Größen von Automobilen auf den Straßen des Kaiserreichs rasant zugenommen. Die bisher gültigen Steuersätze und ihre eher pauschalen Festsetzungen mochten nun nicht mehr gelten bzw. passen, wollte der chronisch klamme Fiskus am Aufstieg der Motorisierung monetär beteiligt sein, damit er u. a. die teure Aufrüstung von Marine und Heer finanzieren konnte.

So trat am 3. Juni 1906 die erste Fassung des sogenannten Reichsstempelgesetzes in der Fassung vom 1. Juli 1906 in Kraft, mit dem die Besteuerung von Kraftfahrzeugen neu geregelt wurde. Dazu wurden eigens Formeln entwickelt, mit denen die steuerrelevante Größe des Motorhubraums (= Hubraumsteuer und nicht Leistungssteuer!) eines Kraftfahrzeugs festgelegt werden konnte. Die Quelle dieser etwas merkwürdig anmutenden Formel ist bis heute übrigens nicht einwandfrei belegt.

Ein Schelm, wer hier etwa Willkür vermuten sollte.

Zweitaktmotor: 0,45 × Zylinderzahl × Zylinderbohrung^2 (in cm) × Kolbenhub (in m)

Viertaktmotor: 0,30 × Zylinderzahl × Zylinderbohrung^2 (in cm) × Kolbenhub (in m)
also:
Zweitaktmotor: 1 Steuer-PS = 175,5 cm^3
oder 1 Liter Hubraum rund 5,70 Steuer-PS

Viertaktmotor: 1 Steuer-PS = 261,8 cm^3
oder 1 Liter Hubraum rund 3,82 Steuer-PS

Der Sinn dieser Ausführungen lässt sich an zahlreichen Stellen dieses Buches finden. Denn nach Einführung der neuen Regelungen zu Besteuerung, wurden gleichfalls neue Bezeichnungen für alle Kraftfahrzeuge erforderlich, z. B. Opel Typ 18/30 PS. Die Zahl vor dem Schrägstrich kennzeichnete die Steuer-PS, wie sie sich nach o. g. Formel berechnen ließen. Die Zahl nach dem Schrägstrich kennzeichnete die Verkaufsbezeichnung und sie entsprach annähernd der Motorleistung (Pferdestärken = PS), gemessen an der Bremse der Antriebsachse. Für den Typ 18/30 PS waren in etwa 450 Mark Steuer jährlich zu entrichten. Jedem Käufer und Verkäufer war jedoch schon bei Einführung klar, dass es sich bei dieser neuen Form der Kraftfahrzeugsteuer um eine Luxussteuer handelt, die für den Absatz von Kraftfahrzeugen nicht gerade förderlich war.

Opel Patent-Motorwagen »System Lutzmann« (oben) als Dreisitzer von 1900. Deutlich ist die laufende Überarbeitung des Modells von 1899 (unten) zu erkennen. Der 1,5 Liter Einzylindermotor konnte bis zum Sommer in seiner Leistung zunächst auf 4 PS und dann auf 5 PS, 6 PS sowie 8 PS gesteigert werden.

Der berühmte Opel Typ 4/8 PS von 1909 überzeugte durch Zuverlässigkeit und unkomplizierte Bedienung. Deshalb diente Opel dieses Modell Selbstfahrern wie Landärzten an, weshalb der Wagen auch den Zusatznamen »Doktorwagen« erhielt.

Der Opel Rekord E wurde 1982 umfangreich modifiziert und auch aerodynamisch durch eine leichte Keilform nebst vieler Details verbessert und bis 1986 intern als Modell »E2« bezeichnet.

Aerodynamik

Nach der Einführung von leichter konstruierten Karosserien und moderneren sowie sparsameren Motorenkonzepten begannen zu Beginn der 80er-Jahre nahezu alle am europäischen Markt präsenten Hersteller mit der aerodynamischen Optimierung ihrer Fahrzeugmodelle, um den Luftwiderstand zu reduzieren. Denn ein strömungsgünstiges Fahrzeug verbraucht weniger Kraftstoff und seine aerodynamischen Qualitäten nutzen sich nicht ab. Vorausgesetzt, man baut das Fahrzeug nicht radikal bzw. zum Nachteil der Aerodynamik um. Neben möglichst glattflächigen Karosseriebauteilen waren es vor allem die kleineren Details, die im Gesamtergebnis zu einer deutlichen Reduzierung des Luftwiderstands führten. Bündig mit der Karosserie abschließende Verglasungen und Türgriffe, strömungsgünstige Radabdeckungen und Außenspiegel sowie eine möglichst glatt gestaltete Fahrzeugunterseite sind nur einige Beispiele.

Wussten Sie schon, ...

dass Opel 1909 den ersten einteilig gegossenen Vierzylindermotorblock im Modell »Doktorwagen« verbaute?

Im Vergleich zum Opel Rekord E2 wird deutlich, wie sehr sich die aerodynamische Feinarbeit am Äußeren des neuen Opel Omega (Baureihe A, ab 1986) ablesen lässt.

Opel gehörte damals schon zu den führenden Unternehmen in Sachen Aerodynamik. Bereits seit Ende der 60er-Jahre prüfte und optimierte man die aerodynamischen Qualitäten vieler Neuentwicklungen. Das jedoch primär zur Verbesserung der Fahrdynamik: geringe Seitenwindempfindlichkeit, Reduzierung der Auftriebskräfte unter dem Fahrzeug, Vermeidung unnötiger Verwirbelungen sowie Vermeidung von Windgeräuschen. Das erste (auch optisch) aerodynamisch sehr ausgefeilte Fahrzeug war der Opel Omega (Baureihe A), der im August 1986 als Nachfolger des Opel Rekord E2 auf den Markt kam. Im Vergleich zum Rekord war der neue Omega nicht nur leichter, sondern mit einem Luftwiderstandsbeiwert von c_w 0,28 außerordentlich strömungsgünstig. Neben verbesserten Fahrleistungen senkte man damit auch den Verbrauch wirkungsvoll.

Im Februar 1987 begann bei Opel die Entwicklung eines neuen Sportcoupés, das im Herbst 1989 als »Calibra« vorgestellt und

Das Sportcoupé Opel Calibra wurde 1989 vorgestellt und es hielt den Titel »Aerodynamikweltmeister der Großserienautomobile« für gut zwei Jahre.

im Juni 1990 eingeführt wurde. Wie schon beim Omega A wurde auch der neue Calibra von den ersten Skizzen bis hin zum Modell im Maßstab 1:1 konsequent nach aerodynamischen Gesichtspunkten entwickelt. Unzählige Detaillösungen und Kniffe sowie sehr aufwendige Windkanaluntersuchungen führten letztlich zu einem sensationellen Luftwiderstandsbeiwert von cw 0,26, mit dem der Calibra für gut zwei Jahre den Spitzenwert bei den in Großserie produzierten Fahrzeugen halten konnte. Bis heute werden Automobile unter aerodynamischen Gesichtspunkten entwickelt. Doch der Sinn und Zweck dieser Entwicklungen wird durch den ungebrochenen Trend zu immer schwereren und größeren SUV (Sports Utility Vehicle) und Pick-ups zunehmend konterkariert. Die aerodynamischen Qualitäten dieser Fahrzeuge ist auf den Stand der frühen 70er-Jahre zurückgefallen und deren Gewichte haben seitdem um rund 50 Prozent zugenommen. Toller Fortschritt!

Wussten Sie schon, ...

dass Opel 1994 über das größte deutsche Firmennetz zur Verwertung von Altfahrzeugen verfügt?

Der Opel Typ 1,2 Liter wurde von 1931 bis 1934 gebaut.

Auf und ab

Der Bau von Automobilen war bis zu seinem Tod (1895) für Adam Opel nie ein Thema. Zu erfolgreich betrieb er die Herstellung von Nähmaschinen und Fahrrädern (ab 1886, zunächst Hochräder), zu deren Produktionsaufnahme ihn seine Söhne allerdings überreden mussten. Doch der Erfolg ließ nicht lange auf sich warten. Bis 1898 wuchs die Opel-Belegschaft in der Fabrik an der Mainbahn in Rüsselsheim auf 1.250 Arbeiter an, die pro Jahr knapp 25.000 Nähmaschinen und mehr als 15.000 Fahrräder herstellten. Seit 1895 führte Marie Sophie Opel zusammen mit ihren ältesten Söhnen Wilhelm und Friedrich die Geschäfte. Ab 1899 produzierte man das erste Automobil mit dem etwas sperrigen Namen »Opel Patent-Motorwagen, System Lutzmann«. Die Produktion von Motorrädern wurde 1901 mit dem »2 PS Motorzweirad« aufgenommen und ab 1909 wurden die ersten leichten Lastkraftwagen montiert und angeboten.

Opel P4, 1935–1937

Der Opel Typ 1,8 Liter (auch »Regent« genannt) wurde von 1931 bis 1933 gebaut.

Doch hier geht es um die wirtschaftliche Situation von Opel im Laufe der Zeit. Bis Mitte 1928 stieg Opel zum größten Fahrzeughersteller im Deutschen Reich auf, denn knapp 45 Prozent aller Kraftfahrzeuge kamen mittlerweile aus Rüsselsheim. Der Export brummte ebenfalls. Doch mit dem Wachstum wuchsen auch die Probleme, denn bis zum Dezember 1928 waren die dunklen Wolken bereits auszumachen, die sich schon bald über die Weltwirtschaft legen würde. Im selben Monat wurde das Unternehmen von einer Kommanditgesellschaft (KG) in die Rechtsform einer Aktiengesellschaft (Adam Opel AG) überführt, die mit einem Stammkapital von 60 Millionen RM ausgestattet wurde. Somit war man bereit für Größeres und auch für neue Kooperationen.

Nach eingehender Prüfung und langen Verhandlungen konnte im März 1929 der Verkauf von 80 Prozent der Opel-Anteile an den amerikanischen Automobilhersteller General Motors (GM) realisiert werden. Obwohl Opel 1930 einen

Der Opel Super 6 wurde von 1937 bis 1938 gebaut.

Der Opel Kapitän wurde von 1938 bis 1940 gebaut.

Verlust von 14 Millionen RM erwirtschaftete, kaufte GM 1931 (u. a. vor dem Hintergrund der andauernden Weltwirtschaftskrise) noch die restlichen Opel-Anteile. Insgesamt war dieser Deal rund 154 Millionen RM wert, was heute in etwa der Summe von rund 530 Millionen € entspricht. Der Name Opel sowie die eigenständige Modellpolitik blieben zwar erhalten, doch Opel musste auch Kröten schlucken, wie etwa das Einstampfen des neuen Oberklassewagens »Regent«. Die Mitsprache im Unternehmen war jedoch gesichert, indem die Opel-Brüder Wilhelm und Friedrich Mitglieder des Aufsichtsrates blieben und Fritz von Opel den Vorstand leitete.

Obwohl sich die Produktion von Kraftfahrzeugen (1928 = 42.771, 1932 = 20.982) innerhalb der letzten vier-Jahre mehr als halbiert hatte, modernisierten und reformierten GM und Opel fast alle Unternehmensbereiche mit der Ausrichtung, binnen weniger Jahre nicht nur in Deutschland, sondern in ganz Europa erfolgreich unterwegs zu sein. Opel gehörte

Der Opel Astra (Baureihe F-1) wurde von 1991 bis 1994 gebaut.

zwar nun einem US-amerikanischen Unternehmen, das sich jedoch selbst nach der Machtergreifung durch die Nazis im Januar 1933 nicht aus Deutschland zurückziehen wollte. GM sah seine wirtschaftlichen Interessen im Vordergrund und wusste sich deshalb mit den neuen Herren zu arrangieren. Diese wiederum wussten, dass Opel zu den deutschen Schlüsselindustrien gehörte, deren Kapazitäten man für die geplante Aufrüstung benötigen würde. Bis 1936 dauerte deshalb der Anpassungsprozess bei Opel, indem man Schlüsselpositionen mit linientreuen Parteigenossen besetzte, jüdische Mitarbeiter entweder entließ oder in die USA versetzte.

Noch bevor die technischen Grundlagen für den innovativen Großserienfahrzeugbau (u. a. selbsttragende Karosserien) ausgereift zur Verfügung standen, modernisierte man zunächst die Lastwagen vom Typ Blitz. Von nun an ging es auch mit neuen Personenwagen steil bergauf: Mittelklassewagen Typ 1,8 Liter (1931 bis 1933, auch Regent genannt), obere Mittelklasse Typ 2,0 Liter (1934 bis 1937), Kleinwagen Typ 1,2 Liter (1931 bis 1935) sowie Kleinwagen Typ P4 (1935-1937). Bis 1935 stieg die Jahresproduktion auf über 100.000 Fahrzeuge an. Auf Veranlassung der Naziregierung

Wussten Sie schon, ...

dass Opel und Mercedes 1905 die erste Automobil-Schönheitskonkurrenz des Hamburger Polo Clubs gewannen?

wurde 1935 in Brandenburg an der Havel ein zweites Werk für den Bau von Blitz-Lastwagen errichtet. Nach der Einführung hochmoderner Pkw-Modelle wie Olympia (1935), Kadett (1936), Super 6 und Admiral (1937) sowie Kapitän (1938) stieg die Jahresproduktion 1938 auf über 140.000 Fahrzeuge und der Nettoumsatz auf über 335 Millionen RM an.

Nach Ausbruch des Zweiten Weltkriegs am 1. September 1939 endete im Herbst 1940 die Produktion ziviler Opel-Fahrzeuge und 1941 verließ der letzte amerikanische Manager Rüsselsheim. Formal blieb GM jedoch Eigentümer von Opel, obwohl es zwischen beiden Firmen seit Anfang 1942 keinen Kontakt mehr gab. Trotz Kriegseintritts der USA 1942 verzichtete GM auf eine betriebswirtschaftliche Abschreibung der Adam Opel AG, und beantragte erst 1951 die Auszahlung von umgerechnet 22,4 Millionen RM an einbehaltenen Dividenden aus den Kriegsjahren. Bereits ab Juli 1945 lief die Geschäftstätigkeit bei Opel in Rüsselsheim mit der Reparatur von Fahrzeugen für die Militärregierung der amerikanischen Besatzungszone wieder an. Gefolgt von ersten Blitz-Lastwagen und Kühlschränken (1946). Da die Fertigungseinrichtungen für das Vorkriegsmodell Kadett von der Sowjetunion demontiert worden waren, startete Opel die Nachkriegsproduktion von Personenwagen mit den Vorkriegsmodellen Olympia (1947) und Kapitän (1948).

Der Ascona A Voyage (Caravan) wurde von 1970 bis 1975 gebaut.

Der Omega A Caravan (Baureihe A-2) wurde von 1990 bis 1993 gebaut.

Zum 1. November 1948 übernahm GM wieder die Führungsrolle bei Opel. Liefen 1946 gerade mal 839 Lastwagen vom Band, stieg die jährliche Produktion bis Ende der 50er-Jahre auf gut 330.000 Fahrzeuge an. Zahllose Modelle wurden angeboten, von denen viele in diesem Buch zu finden sind. Ende der 60er-Jahre stieg diese Zahl auf rund 800.000 und Ende der 70er-Jahre auf knapp eine Million an. In diesem Zeitraum wurden diverse Komponenten- und Zweigwerke in Deutschland und Europa gebaut, um die Opel-Produkte und GM-Derivate für globale Märkte immer rationeller und preiswerter fertigen zu können. Das erste Mal seit 1950 hatte Opel im Jahr 1980 einen Verlust (ca. 410 Millionen DM) zu verbuchen und baute rund 180.000 Fahrzeuge weniger als 1979, dessen Zahl man erst 1982 wieder erreichen konnte.

Wussten Sie schon, ...

dass Opel schon im Mai 1924 den ersten »Volkswagen« vom Typ 4/12 PS vorstellte, besser bekannt als »Laubfrosch«?

Im Jahr 1990 sackten die Produktionszahlen um gut 300.000 auf nur noch 1,05 Millionen Einheiten ab, was viele Analysen auf das wenig innovative Design und Qualitätsprobleme zurückführten, die u. a. der Opel-Manager-José Ignacio López de Arriortúa mit seinen drastischen Sparprogrammen zu verantworten hatte. Die direkte Folge waren teure Schäden und Rückrufe bei den Volumenfahrzeugen Astra F und Omega

Der Opel Adam wird seit 2012 gebaut. Seine Produktion endet Mitte 2019.

A. Hinzu addierten sich eine mangelhafte Koordination der GM-Europazentrale (ab 1986), häufige Wechsel von Führungskräften sowie Managementfehler bei der Steuerung der Bereiche Modellentwicklung, Produktion, Marketing und Qualitätssicherung. Das alles mündete in einer nachhaltig schlechten Imageentwicklung, von der sich Opel, auch im Hinblick auf die Wettbewerber, bis heute nicht vollständig erholen konnte.

Opel verlor immer mehr Marktanteile, vor allem in Deutschland. Bei den Pkw-Neuzulassungen in Deutschland sackte der Wert von 18,2 Prozent (1982) um zwei Drittel auf 6,9 Prozent (2012) ab (Ende 2018 lag er bei 6,6 Prozent). Eine anhaltend schlechte Konjunktur drückte zusätzlich auf die Absatzzahlen. Da nutzte selbst die kosmetische »Zunahme« der produzierten Fahrzeuge durch die gemeinschaftliche Ausweisung der Zahlen von Opel und der Konzerntochter Vauxhall Motors aus England nichts. Zum Abbau von Bürokratie und zur Kostensenkung wurde die nicht an der Börse gehandelte Adam Opel AG im Jahr 2005 in eine GmbH umgewandelt. 2008 begann der Mutterkonzern GM, finanziell zu schwächeln, musste Staatshilfen in Anspruch nehmen und damit indirekt auch Opel. Das fast das ganze Jahr 2009 andauernden Gezerre um staatliche Hilfen für Opel, von unsäglicher Inkompetenz der deutschen Politik begleitet, endete darin, dass Opel nur befristet mit von

GM geliehenem Geld auskommen musste und weiterhin am Tropf von GM hing.

Geplante Übernahmen von Opel durch Fiat, Magna International oder der russischen Sberbank erwiesen sich letztlich als Luftnummern, obwohl im Mai 2009 ein Kaufvertrag zwischen GM und den Bietern Magna und Sberbank zustande kam, der-Jedoch Ende des Jahres von GM aufgehoben wurde. Kurz darauf kündigte GM einen Abbau von 5.400 Stellen bei Opel an, bei gleichzeitiger Reduzierung der Produktionskapazität um 20 Prozent. 2011 wurde die Adam Opel GmbH wieder in eine AG umgewandelt. 2013 startete GM ein milliardenschweres Restrukturierungsprogramm für die Auffrischung des Opel-Modellprogramms, das einen Investitionshorizont bis 2016 hatte. Bereits im Juli 2014 übertrug GM die Geschäftsfelder von GM-Europa und GM-Russia der neu gegründeten Opel Group GmbH, zu der, bis auf die Bereiche Entwicklung und Personal, der restliche Opel-Vorstand wechselte. Besonders hart für Mitarbeiter und Fans war jedoch die Schließung (2014) sowie der anschließende Abriss des 1962 errichteten Opel-Werks in Bochum.

Wussten Sie schon, ...

dass es schon seit 2007 technische und wirtschaftliche Kooperationen zwischen PSA (Citroën, Renault), General Motors und Opel gibt?

Der Opel Mokka X wird seit 2016 gebaut. Es handelt sich dabei um eine überarbeitete Version des Opel Mokka, der von 2012 bis 2016 gebaut wurde.

Teure Rochaden und Bereinigungen, die Opel letztlich nichts nützten. Da half es ebenfalls wenig, dass Opel zukünftig auch Autos für die GM-Marken Buick und Holden bauen sollte. Schwarze Zahlen wollte Opel trotzdem in 2016 wieder schreiben. Absatzprobleme in Russland und das schwache britische Pfund ließen dieses Vorhaben jedoch scheitern. Erst im Februar 2017 wurde bekannt, dass GM und die französische Groupe PSA (Automarken: Peugeot, Citroën und DS) über einen Verkauf von Opel verhandelten. Im März 2017 war der Deal perfekt, denn die europäischen Kartellbehörden gaben ihre

Der Opel Crossland X ist das erste Modell, dass in Kooperation mit PSA entwickelt wurde, und zwar noch bevor PSA Opel übernahm. Der Crossland X wird seit 2017 gebaut.

Der Opel Grandland X ist das zweite Modell, das in Kooperation mit PSA entwickelt wurde – ebenfalls vor der Übernahme von Opel durch PSA. Der Grandland X wird seit 2017 gebaut.

Zustimmung. Die Groupe PSA übernahm für 1,3 Milliarden € die Adam Opel AG und den britischen Autobauer Vauxhall Motors. Ein Schnäppchen, denn GM übernahm noch bestehende Pensionsverpflichtungen in Höhe von rund 6 Milliarden €. Im April wurde Opel wiederum in eine GmbH umgewandelt, die seitdem zur Groupe PSA gehört und als Opel Automobile GmbH für die Geschäfte von Opel und Vauxhall zuständig ist.

Wie es unter der Regie von PSA mit Opel weitergeht, kann noch nicht abschließend beurteilt werden. Denn der Umbau von Verwaltung, Entwicklung, Marketing und der Modellpalette ist noch nicht abgeschlossen. Allerdings werden wohl alle neuen bzw. zukünftigen Opel-Fahrzeuge zusammen mit PSA auf Konzernplattformen entwickelt. Das heißt, dass es zwar weiterhin viele Varianten, aber keine große Vielfalt an Fahrzeugmodellen geben wird. Fest steht jedoch, dass der seit 2017 begonnene Abbau von Ressourcen, Arbeitsplätzen und wahrscheinlich auch Produktionskapazitäten über das Jahr 2019 hinaus andauern wird.

Ein 3,0 to. Regellastwagen von 1915, den Opel für das Militär produzierte. Deutlich ist zu sehen, dass der Lastwagen noch auf Vollgummireifen stand, das Fahrerhaus komplett aus Holz gefertigt war und der Antrieb über eine Kette an die Hinterachse geführt wurde.

Legende »Opel Blitz«

Es gibt wohl kaum einen Opel-Fan, der mit dem Begriff »Opel Blitz« nichts anzufangen weiß. Bezeichnete er doch die legendären Opel-Lastwagen, die ab 1930 ihre sprichwörtliche Zuverlässigkeit tausendfach unter Beweis stellten. Zwar baute Opel bereits ab 1904 erste Lieferwagen für das Kleingewerbe und ab 1908 die ersten Lastwagen, doch einen richtigen Namen hatten die Lastesel aus Rüsselsheim lange Zeit nicht. Das sollte sich mit der Übernahme von Opel durch General Motors (GM) 1929 jedoch ändern. Bis dato hatte Opel nur einen 2,0 to. Lastwagen, einen 1,5 to. Pritschenwagen sowie einen 1,0 to. Lieferwagen im Programm. GM wollte,

Wussten Sie schon, ...

dass im Modelljahr 1970 der Anteil der Wagen mit Automatikgetriebe die Marke von 10 Prozent überstieg?

Was für ein Fortschritt in der Lastwagentechnik: Nur 15 Jahre später präsentierte Opel im Winter 1930 den ersten Lastwagen mit dem Namen »Blitz«. Im Bild ein 1,5 to. Lastwagen mit Pritsche.

dass die Produktpalette mit einem neuen Motor und vor allem mit einem neuen Namen deutlich an Profil gewann. Für die Namensfindung wurde ein Preisausschreiben veranstaltet, an dem sich über 1,5 Millionen Einsender beteiligten. Der Gewinner hatte den Namen »Blitz« vorgeschlagen und fuhr mit einer neuen 4 PS Limousine als Hauptgewinn nach Hause. Zum Jahreswechsel 1930/31 liefen die ersten Lastwagen mit Namen »Blitz« vom Band.

Dann ging es Schlag auf Schlag. Der neue Sechszylinderbenzinmotor mit 3,5 Litern Hubraum und 64 PS kam ab Ende 1930 samt aller Fertigungsanlagen aus dem Regal der GM-Tochter Buick, wo er bis Juli 1930 den Typ Marquette antrieb, der fortan in den USA mit Achtzylindermotoren ausgerüstet wurde. Der neue Motor konnte von Opel quasi unverändert übernommen werden und wurde noch Ende 1930 in den neuen Blitz 2,0 to. Lastwagen und ab Mitte 1933 auch in den neuen 2,5 to. Lastwagen eingebaut. Durch die unterschiedlich langen Radstände ergab sich dadurch eine große Typenvielfalt.

Das kleinste Blitz-Modell war der 1,0 to. Lastwagen. Hier das Modell von 1934 mit Pritschenaufbau.

Ab 1936 trugen alle Opel Blitz diesen Schriftzug im Grill. Ein Markenzeichen mit Charakter.

OPEL BLITZ

Wussten Sie schon, ...

dass Opel Karl und Chevrolet Spark die gleiche Plattform nutzen?

Bis kurz vor dem Krieg war der Blitz 1,5 to. mit 2,5 Liter Sechszylinderbenzinmotor das am meisten produzierte Modell (Aufnahme von 1938).

Für die Massenproduktion des Opel Blitz wurde 1935 in Brandenburg ein eigenes Werk gebaut. Diese Aufnahme stammt aus dem Jahr 1937, als die Blitz-Produktion (vor allem für das Militär) bereits auf Hochtouren lief.

Doch Opel hatte Größeres vor. Denn bereits Ende 1935 liefen die ersten Opel Blitz im neuen Lastwagenwerk in Brandenburg vom Band. Bis Mitte 1937 blieb die Opel-Lastwagenflotte mit 1,0 bis 2,5 to. Nutzlast fast unverändert. Dann wurden alle Blitz-Modelle grundlegend erneuert: 1,0 to. Typ 5200 (1,5 Liter Vierzylinderbenzinmotor, ab Ende 1938), 1,5 to. Typ 2,5/32 (2,5 Liter Sechszylinderbenzinmotor) und 3,0 to. Typen S, 36, 42 und 47 (3,6 Liter Sechszylinderbenzinmotor). Doch am 1. September 1939 begann der Zweite Weltkrieg und an Neuentwicklungen war kaum noch zu denken. Obwohl von da an die gesamte Blitz-Produktion für den Kriegseinsatz bestimmt war, gab es doch noch zwei bemerkenswerte Neuerungen. Ab der zweiten Jahreshälfte 1940 gab es den Blitz als 3,0 to. Typ A-6700 mit Allradantrieb und ab Oktober 1942 wurde der Blitz-Lastwagen mit einem hinteren Kettenantrieb als »Opel Maultier« produziert. 1944 wurde das Lastwagenwerk in Brandenburg so schwer beschädigt, dass die Produktion nicht wieder aufgenommen werden konnte. Als Notbehelf fertigte der einstige Opel-Wettbewerber Mercedes Benz in Mannheim fortan Opel Blitz mit Einheitsführerhaus (Typ L 701) in Lizenz, allerdings ohne Blitz-Emblem.

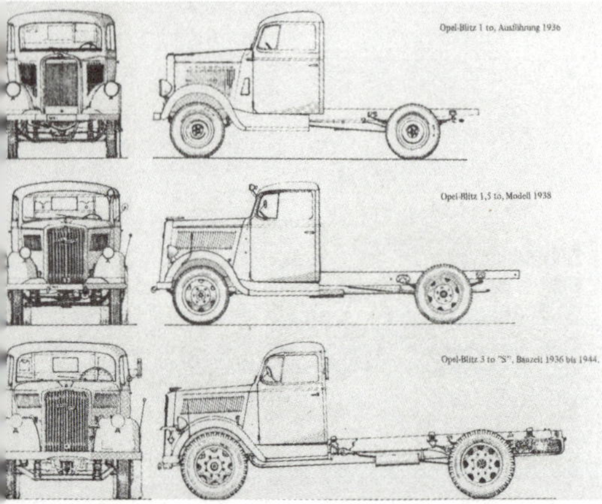

Im Werk Brandenburg liefen bis 1944 die gezeigten Blitz-Typen für den Kriegseinsatz vom Band.

Restaurierter Opel Blitz 3,0 to. Allrad neben einem NSU-Kettenkrad (mit 1,5 Liter Vierzylinderbenzinmotor vom Opel Olympia), der ab Mitte 1940 ausschließlich für die Wehrmacht vom Band lief.

Ab Ende 1942 wurden Blitz-Lastwagen mit einem Kettenantrieb (Spitzname »Maultier«) ausgerüstet, denn die Geländeeinsätze im Krieg erforderten eine erhöhte Traktion.

Nach dem Krieg war der 1,5 to. Blitz-Lastwagen das erste Opel-Modell, das ab Juli 1946 wieder in Rüsselsheim produziert wurde, und ab Anfang 1950 gab es zudem wieder den bewährten 3,0 to. Blitz. Auf den Schultern dieser beiden Opel-Lastwagen lasteten wesentliche Aufgaben des Wiederaufbaus, was letztlich auch deren Ruhm mit begründete. Doch mit der Vielfalt der Vorkriegstage war es beim Blitz zunächst vorbei. Im Winter 1951 erschien dann endlich ein neues Blitz-Modell:

Übersicht Liefer- und Lastwagen 1924-1944

Bauzeit		Typ	ccm	PS	Bemerkung	Stückzahl
05 1924	06 1931	4PS Lieferwagen	1010	18	4Zyl.	7896
07 1925	11 1929	10PS 1to	2594	45	4Zyl.	*863
10 1925	09 1930	1,5/1,75to (10/45 PS)	2594	40	4Zyl.	6899
01 1928	06 1929	3,1ltr,2to-Lastwag.	3610	50	6Zyl.	1979
1928	1930	8/40 PS Kastenwagen	1916	40	6Zyl./900kg	*
12 1930	06 1931	2,6ltr 1,5to Blitz	2594	40	4Zyl.	698
12 1930	11 1931	3,5ltr 2to Blitz „6“	3417	55	6Zyl.	1395
01 1931	01 1933	1,8ltr Liefwg.350kg	1780	32	6Zyl.	1520
07 1931	01 1937	Blitz 2to 3,5-134	3417	55	6Zyl.3410	2015
07 1931	02 1937	Blitz 2,5to 3,5-157	3485	64	6Zyl.Export	1330
09 1931	11 1935	1,2ltr Lieferwg.	1186	23	4Zyl.400kg	6410
01 1932	03 1937	Blitz 2to 3,5-157	3485	64		11796
08 1932	01 1937	Blitz 2,5to 3,5-134	3485	64		658
12 1932	02 1937	Blitz 2,5to 3,5-183	3485	64	Bus-Fgst.	4002
12 1933	03 1938	Blitz 1to 2,o-12	1920	36	Kasten/Pri	21437
11 1935	02 1938	1,3Ltr Lieferwagen	1288	24	P4, 5ookg	15672
05 1936	07 1937	Blitz 3to 3,5-36	3485	64	N-,S-Typ	4800
09 1936	04 1937	Blitz 3to 3,5-47	3485	64	Bus-Fgst.	805
04 1937	07 1944	Blitz 3to 3,6-36	3626	75	N-,S-Typ	82356
05 1937	07 1944	Blitz 3to 3,6-47	3626	75	Bus-Fgst.	8336
07 1937	07 1944	Blitz 3to 3,6-42	3626	75		14122
01 1938	11 1942	Blitz 1,5to 2,5-32	2473	55		16410
02 1938	05 1940	15SH-Hubtransporter	1488	37	Spezialfzg.	296
03 1938	04 1940	1,1Ltr Lieferwagen	1074	23	P4, 500kg	7405
10 1938	06 1940	Blitz 1to, Typ5200	1488	37	Kastenwg.	3500
07 1940	07 1944	Blitz 3to-A 3,6-67	3626	75	Allrad	24981

* Stückzahl ab 1928, davor in Pkw-Zahlen enthalten

Für den Überblick: Lastwagen- und Blitz-Produktion 1924 bis 1944.

Mit dem 1,5 to. Blitz begann bei Opel die Produktion neuer Fahrzeuge und der Wiederaufbau nach dem Krieg.

Erst Ende 1951 gab es mit dem Modell 1,75 to. den ersten wirklich neuen Blitz nach dem Krieg.

Der ab 1960 gebaute Blitz 1,9 to. Typ A war an Schlichtheit kaum zu überbieten. Das fanden auch die Kunden.

Produktionsstatistik Opel Blitz 1,75 to

	1951	1952	1953	1954	1955	1956	1957	1958	1959	1960	Gesamt	Produktions-beginn/-ende
BLITZ 1,00 to - 300												
Chassis			2								2	Feb 53
Total			2								2	
BLITZ 1,75 to - 330												
Chassis		1347	1706	1919	1366	1183	1117	1371	823	56	10888	Jan.1952-Feb.1960
Chassis mit Fahrerhaus	2	4769	3548	5590	4245	4277	3969	3006	3410	640	33456	Nov.1951-Feb.1960
Pritschenwagen		1901	1222	1097	1816	1869	1396	1443	1320	55	12119	Jan.1952-Jan.1960
Pritschenwagen mit Plane/Spriegel		1096	710	637	591	628	479	345	314	12	4812	Jan.1952-Dez.1959
Total	2	9113	7186	9243	8018	7957	6961	6165	5867	763	61275	
BLITZ 1,75 to - 375												
Chassis		322	576	691	522	425	762	315	286	16	3915	Jan.1953-Feb.1960
Chassis mit Fahrerhaus		939	1461	2444	2296	2821	2531	2076	2330	365	17263	Jan.1953-Feb.1960
Pritschenwagen		0	321	512	980	1021	794	746	749	22	5145	Feb.1953-Feb.1960
Pritschenwagen mit Plane/Spriegel		0	184	240	419	418	327	300	273	6	2167	Jun.1953-Jan.1960
Total	0	1261	2542	3887	4217	4685	4414	3437	3638	409	28490	
BLITZ 1,75 to Gesamt	**2**	**10374**	**9730**	**13130**	**12235**	**12642**	**11375**	**9602**	**9505**	**1172**	**89767**	

Das waren noch Zeiten! Knapp 90.000 Blitz 1,75 to. konnte Opel zwischen 1951 und 1960 verkaufen.

1,75 to. (2,5 Liter Sechszylindermotor) und mit einem völlig neuen Fahrerhaus. Dieses Modell wurde, nachdem Mitte 1954 das alte 3,0 to. Modell ausgelaufen war, bis Anfang 1960 nahezu unverändert produziert. Durch seine charakteristische Form ist er für die meisten Fans bis heute der wahre Opel Blitz.

Doch die Blitz-Geschichte ist noch nicht zu Ende. Denn im Frühjahr 1960 präsentierte Opel den neuen Blitz 1,9 to. Typ A, der bis Mitte 1965 unverändert im Angebot war. Sein Fahrerhaus zeigte sich eher sachlich und schlicht, weshalb man heute diesen Blitz-Typ fast vergessen hat. Ähnlich erging es dem Nachfolgemodell 1,9 bis 2,1 to. Typ B (1,9 Liter Vierzylinderbenzinmotor, 2,5 Liter Sechszylindermotor und 2,1 Liter Vierzylinderdieselmotor). Denn dieses Modell zeigte sich op-

Deshalb erschien bereits 1965 ein amerikanische geprägter Blitz 1,9 und 2,1 to. Typ B. Obwohl Opel diesen Blitz mit Vier- und Sechszylinderbenzinmotoren sowie mit einem Vierzylinderdieselmotor (von Peugeot) ausrüstete, war 1975 Schluss mit den deutschen Blitzen.

tisch ebenfalls zurückhaltend, obwohl es technisch versuchte, Anschluss an die Wettbewerber zu halten. Erstmals gab es einen Dieselmotor in einem Opel-Lastwagen, ergänzt durch das Angebot eines kleinen Vierzylinderbenzinmotors. Die Produktion dieses Typs B endete im Januar 1975.

Von 1946 bis 1975 liefen insgesamt 218.788 Opel Blitz (alle Typen) vom Band. Damit war es mit einem »echten« Blitz von Opel vorbei, denn Opel bot bereits ab 1973 bis 1987 das von der englischen GM-Tochter Vauxhall produzierte Modell »Bedford« mit dem Beinamen Blitz an. Doch der »englische Patient« litt unter Verarbeitungs- und Technikmängeln, die man nie richtig in den Griff bekam. Zwar war der Bedford billig, doch das reichte auf dem harten Markt kaum zum Überleben. 1980 kam noch ein Facelift, doch es half nichts. Der Bedford blieb bis zu seinem Ende ein Ladenhüter. Zwischen 1973 und 1987 konnte Opel nur 29.129 Stück in Deutschland verkaufen.

Von 1973 bis 1987 bot Opel den aus England importierten »Bedford« mit dem Beinamen »Blitz« in Deutschland an. Nur knapp 30.000 Kunden griffen in vierzehn Jahren zu!

Der Begriff Coupé kommt aus dem Kutschen- und Wagenbau, aus dem wiederum der Automobilbau hervorging.

Coupés

Das Coupé – heute ein gängiger Begriff für besonders elegante Fahrzeuge und fast nur noch in der Automobilwelt zu finden. Doch nur wenige wissen, dass der Begriff »Coupé« seine Ursprünge nicht im heutigen Kraftfahrzeugwesen hat. Lange bevor das erste Automobil die Straße eroberte und als noch Pferde und andere Vierbeiner alleinig für den Vortrieb von Radfahrzeugen zuständig waren, stand das »Coupieren« für Einkürzen, Abkürzen oder Beschneiden im Kutschenbau. Gegen Ende des 18. Jahrhunderts konnten in Verbindung mit moderneren Materialien und Fertigungsmethoden Kutschen und Wagenbauteile wesentlich leichter und komfortabler gebaut und gestaltet werden. Was lag da nicht näher, als die ehemals unförmigen Kutschen zu verkleinern, vulgo zu coupieren. Heraus kamen einachsige, meist zweisitzige und oft nur einspännige Kutschen, die fortan unter dem Begriff »Coupé« Eingang in das

Wussten Sie schon, ...

dass 1974 W. Röhrl und Chr. Geistdörfer auf Opel Ascona Rallye-Europameister wurden?

Fahrzeugwesen fanden. Das Coupé im Fahrzeugwesen hat also historischen Background und ist allein schon deshalb auch beim Automobil ein Begriff. Denn kaum dass die ersten Motorwagen die Straßen unsicher machten, gab es schon Coupés bzw. Zweisitzer. Beim Bau eines Coupés gingen die Hersteller unterschiedlich vor. Manche schnitten den Limousinen einfach ihre Dächer ab, andere bauten völlig neue Karossen auf profane Limousinen-Fahrgestelle. Wieder andere (Sportwagen-)Hersteller bauten nur Coupés und davon auch noch offene Versionen, die dann natürlich Cabriolet heißen durften. Damals wie heute ließen also Plattformstrategien unterschiedliche Aufbauten (Karosserien) auf einem einheitlichen Unterbau zu. Sehen wir uns an, wie man bei Opel in den letzten gut 40 Jahren mit diesen Vorgaben umzugehen wusste.

1961 bis 1963: Mit dem Rekord P2 Coupé präsentierte Opel sein erstes Coupé, Spitzname »Rasender Kofferraum«.

Das Gröbste in Sachen Wiederaufbau nach dem Krieg war geschafft. Und endlich hatte man wieder mehr Zeit und Geld, um sich ein wenig Luxus zu gönnen. Dabei stand für viele die Anschaffung des ersten Autos überhaupt im Vordergrund. Denjenigen aber, die sich diesen Traum bereits Jahre zuvor erfüllen konnten, wollten die Mo-

1963 bis 1965: Das Kadett A Coupé war der Traum vieler Kleinwagenfahrer der 1960er-Jahre.

dellstrategen von Opel ab Herbst 1961 etwas Besonderes bieten. Während sich die meisten noch ihren Kadett A oder VW Käfer vom Munde absparen mussten, konnten sich betuchtere Rekord-Fahrer das erste Opel-Coupé leisten. Kurz nach der Neuauflage der Rekord-Baureihe (zunächst nur intern P2 genannt) wurde ein schnittiges Coupé auf Basis der zweitürigen Limousine nachgeschoben. Einem Sichelschnitt gleich hatten die Opel-Stylisten der eher biederen Zweitürer-Limousine ihr Dach entfernt und es durch eine stark verkürzte Variante ersetzt. Diese Maßnahme degradierte den ehemals großzügigen Fond zum Notsitzangebot, vergrößerte aber den Kofferraum in bisher kaum für möglich gehaltene Dimensionen. Als Krönung des Ganzen erstarkte der Vierzylinderreihenbenzinmotor mit 1,7 Liter Hubraum auf stolze 60 PS, womit das Opel Rekord P2 Coupé (so sein endgültiger Name) zu den Schnellen im Lande gehörte. Der Legende nach hatte dieses erste reinrassige Opel-Coupé schon am Abend seiner Präsentation seinen Spitznamen weg, den es bis heute behalten hat: »Rasender Kofferraum«.

Mit dem Rekord P2 Coupé hatte Opel Begehrlichkeiten bei Käufern kleinerer Wagen geweckt. Geschickt verstanden es die Produktstrategen, dem 1962 präsentierten Kadett A seine Qualitäten als Familienkutsche in Form des Kadett A Coupés zu berauben. Ähnlich radikal wie beim Rekord P2 wurde dem kleinen Wagen ein neuer Hut in Gestalt einer harmonisch fließenden Dachhaut aufgesetzt. Und damit das neue »Volks-Coupé«

1965 bis 1967: Das neue Kadett B Coupé verführte seine Käufer mit europäisch-modernem Design.

1963 bis 1965: Mit dem Rekord A Coupé stellte Opel einen Wagen mit eigener Linienführung vor.

1967 bis 1973: Heute ist ein Kadett B LS Coupé eine gesuchte Rarität – vor allem in der Rallye-Version.

nicht ganz so traurig wie die Basis dreinschaute, spendierte ihm Opel eine exklusive Luxusausstattung. Diese zeichnete sich insbesondere durch markanter geformte vordere Kotflügel sowie einen »richtigen« Kühlergrill mit ordentlichem Chromzierrat aus. Dazu gab es zum Anfang exklusiv den neuen Vierzylindermotor mit 1,0 Liter Hubraum mit 48 PS. Die preiswerte und solide Basis des Kadett A verhalf auch dem Coupé dazu, im Angebot von Preis und Leistung völlig neue Käuferschichten anzusprechen. Kaum eine Vorstandssekretärin war nach einer Probefahrt im Kadett A Coupé noch dazu zu bewegen, wieder in ihren ehemals so geliebten Käfer umzusteigen. Ja selbst hartgesottene Fahrer(innen) eines VW Karmann Ghia genossen vor allem im Winter eine Probefahrt im mollig warmen Kadett! Wie viele von ihnen letztlich umgestiegen sind, wissen wir bis heute nicht. Aber die Opel-Frischluftheizung dürfte so manchen überzeugt haben.

Der Erfolg mit schnittigen Coupé-Variationen veranlasste Opel, zukünftig in weiteren Fahrzeugklassen mit diesem Rezept vertreten zu sein. Zunächst jedoch erlebte das Rekord-Coupé seinen zweiten Frühling mit der Neuvorstellung des Rekord A im März 1963. Erstmals war ein Coupé fester Bestandteil der Entwicklungsarbeit, zu erkennen an den leicht rundlichen hinteren Seitenscheiben, deren Unterkanten sich leicht gebogen aus den Seitenwänden erheben. Getreu den amerikanischen Vorbildern des GM-Marken Chevrolet und Buick bereitete man das neue Rekord A Coupé für seine Rolle als Technologieträger vor, bei dem der Einbau von Sechszylinderreihenmotoren zum Grundkonzept gehörte. Denn an eine weitere Leistungssteigerung der konstruktiv veralteten Vierzylindermotorengeneration mit unten liegender Nockenwelle, Novotex-Stirnrädern und Stößelstangen mochten sich die Opel-Ingenieure nicht herantrauen. Zudem befand sich zu diesem Zeitpunkt schon ein völlig neuer Vierzylindermotor (CIH) in der Entwicklung. So gab es zum Serienstart das Coupé und die Limousinen mit gleich starken Motoren. Ab März 1964 konnten die Kunden jedoch das elegante Topmodell »Rekord A 6« (viertürige Limousine und Coupé) bestellen, in dem allerdings ein betagter Sechszylinderreihenmotor (OHV) mit 2,6 Liter (erstarkt auf 100 PS) Hubraum seinen Dienst verrichtete. Dieser Motor stammte aus dem Kapitän A, wie auch das Getriebe und die veränderte Hinterachse.

Pünktlich nach den Werksferien rollte im Spätsommer 1965 der neue Kadett B aus den Bochumer Produktionshallen. Aus dem einstigen echten Kleinwagen (Kadett A) war nun ein echter kleiner Wagen geworden. Neben Limousine und Caravan gab es selbstverständlich wieder ein Coupé – und was für eins! Von Grund auf als solches konzipiert, verfügte das Kadett B Coupé über eine breite C-Säule, die mit ihren senkrecht stehenden Kiemen (daher auch sein Spitzname »Kiemencoupé) geschickt ihre Flächigkeit verbergen konnte. Der Zusammenschluss von C-Säule und Dachhaut erschien optisch sehr filigran und betonte dadurch noch die sehr flach verlaufende und stark gewölbte

Heckscheibe. Einfach klasse diese Form, deren Ursprünge sich im Design der damaligen Sportwagen aus Italien und Frankreich aufspüren lassen. Und als dann ein knappes Jahr später noch der Rallye Kadett in den Schaufenstern stand, war es um die Sparschweine vieler junger Fahrer schlecht bestellt. Doch da der Kadett B mit seinem Fahrwerk noch sehr eng mit seinem Vorläufer verwandt war, kamen ihm im Sommer 1967 umfassende Revisionen zugute. Gleichzeitig wurden die Karosserieformen überarbeitet. Aus dem kantigen Kiemencoupé wurden ein etwas bauchiges Coupé, das ein deutlich stabileres Erscheinen hatte. Die grundlegende Überarbeitung des Kadett B wurde bei Opel dazu genutzt, eine weitere Luxusmodellreihe mit Namen Olympia A ins Leben zu rufen. Diesen gab es als neben zwei- und viertüriger Fastback-Limousine auch als Coupé, dessen Karosserie jedoch der des normalen Kadett B Coupé entsprach. Damit wollte Opel die große Lücke zwischen Kadett und Rekord kaschieren. Die Kunden erkannten im Olympia A jedoch den Kadett B und damit war die Nachfrage so gering, dass der Olympia A bereits 1970 wieder aus dem Programm genommen wurde. Der Kadett B jedoch wurde noch bis August 1973 gebaut.

Wussten Sie schon, ...

dass die Sowjetunion im Juni 1946 die kompletten Produktionsanlagen für den Opel Kadett in Rüsselsheim demontierte, um damit den Moskwitsch bauen zu können?

Nur knapp zwei weitere Jahre sollte es dauern, bis Opel im August 1965 den neuen Rekord B präsentierte. Aber nicht nur Kenner entlarvten dieses Modell als eher halbherzigen Aufguss, denn seine Karosserie entsprach bis auf Front- und Heckpartie der des Rekord A. Aber wenigstens unter dem Blech gab es ein paar echte Neuerungen. Und natürlich gab es wieder das Coupé mit Sechszylindermotor als Topmodell, doch noch immer werkelte er als Uralt-OHV-Konstruktion herum, während die Vierzylinder tatsächlich neu waren. Neben umfangreichen Detailverbesserungen sind hier vor allem die neuen CIH-Vierzylindermotoren (1,5 bis 1,9 Liter Hubraum) hervorzuheben. Und damit allen die neuen Motoren sofort ins Auge sprangen, trugen sie zum Anfang eine leuchtend orange Lackierung. Auf diesen optischen Gag hätten die Rüsselsheimer wohl verzichtet, wenn sie gewusst hätten, welche Probleme ihnen die neuen Motoren bereiten würden. Die Lagerschalen der dreifach gelagerten Kurbelwelle waren zu weich, der Ölkreislauf suchte sich ständig neue Wege ins Freie und die Wasserpumpen hielten mitunter keine 5.000 km. Kein Wunder also, dass Opel die neuen CIH-Motoren schon bald wieder im vertrauten Grauschwarz lackierte. Denn bei den Mechanikern hießen diese Aggregate bald nur noch »die rote Gefahr«.

Aber Opel-Fahrer sind treue Kunden und bewiesenermaßen leidensfähig. Und um diesen Vertrauensvorsprung nicht aufs Spiel zu setzen, verschwand der Rekord B schon nach rund zehn Monaten vom Markt. Diesen kostspieligen Fehltritt konnte sich Opel damals noch leisten. Denn was im August 1966 mit dem Rekord C Coupé den Kunden vorgestellt wurde, brach mit allen bisherigen Gestaltungskonventionen und hatte mit

1965 bis 1966: Das Rekord B Coupé lief nur rund zehn Monate vom Band und ist heute entsprechend selten.

1966 bis 1971: Rekord C Coupé. Luftig leicht und mit betörend schöner Linienführung.

1965 bis 1967: Ein Diplomat A Coupé ist bis heute die wohl exklusivste und teuerste Art, einen alten Opel zu fahren.

1967 bis 1971: Das Commodore A Coupé basierte auf dem Rekord C, war jedoch noch eleganter und kräftiger.

seinen Vorgängern nur noch das Firmensignet gemeinsam. Mit Sicherheit sind das Rekord C Coupé und sein späterer Ableger Commodore A Coupé Meilensteine des Opel-Designs. Selten wurden am Main schönere Coupé-Formen gezeichnet. Ebenfalls an US-Vorbildern orientiert, zeigen diese Coupés einen betörend schönen Hüftschwung (Coke-Bottle-Shape) und verzichten zudem noch auf eine feststehende B-Säule. Bis weit in den Kofferdeckel hinein fließen die breiten C-Säulen und verleihen den Wagen eine aufregende Linie, die sich mit Seitenstreifen und/oder einem Vinyldachbezug sogar noch betonen ließ. Anders als bei den beiden Vorgängern konnte Opel mit diesem Coupé endlich wieder neue Käuferpotenziale erschließen. Und das, obwohl es das Rekord C Coupé nur mit Vierzylinderreihenmotoren gab und ein Topmodell mit größeren Motoren nicht geplant war. Denn Opel bereitete sich schon auf den Einsatz des Commodore A vor.

Doch bevor die Coupés von Opel endgültig zum klassenübergreifenden Bestandteil des Modellprogramms avancierten, darf der Ausflug in die damalige Oberklasse nicht unerwähnt bleiben. Denn das Diplomat A Coupé ist bis heute wohl eines der exklusivsten Opel-Modelle überhaupt. Aufbauend auf der 1964 neu vorgestellten Linie der großen Opel-Wagen (Kapitän, Admiral und Diplomat = K.A.D.), wurde der Karosseriebauer Karmann aus Osnabrück mit dem Bau des zweitürigen Diplomat A Coupé beauftragt. Dieses selten schöne Coupé erhält bei aller formalen Eigenständigkeit den Charakter seiner Limousinen-Basis. Dachform und Seitenlinie zeigen alle Stilelemente der K.A.D.-Limousinen. Und doch wirkte das Diplomat A V8 Coupé (so sein korrekter Name) sehr eigenständig, wenngleich auch hier diverse US-Modelle aus dem GM-Programm Pate gestanden haben. Das ausschließlich mit V8-Motor mit 5,4 Liter Hubraum mit 230 PS lieferbare Coupé war selbst im Vergleich zu einem Mercedes ein extravagantes und teures

1968 bis 1973: Der Opel GT war einer der wenigen Opel-Wagen, der schon früh zum Klassiker wurde.

1970 bis 1975: Ein Manta A trägt schon seit Jahren zum positiven Image der Marke Opel bei.

1972 bis 1977: Dieses idealisiert gezeichnete Anzeigenmotiv verdeutlicht das Design des Rekord D Coupé besonders gut.

Vergnügen, dass sich nur wenige leisten konnten oder wollten. Nach knapp zwei Jahren und einer Produktion von nur 347 Exemplaren wurde die (unrentable) Produktion eingestellt.

Im Februar 1967 kam mit dem Commodore A dann genau das Auto auf den Markt, von dem der damalige Opel-Chefkonstrukteur Hans Mersheimer schon seit Anfang der 60er-Jahre geträumt hatte. Der Commodore A, und hier natürlich das Coupé, vereinten die kräftige und geräumige Statur eines Opel Rekord mit den Leistungswerten der Oberklassewagen in einer eigenen Modellreihe. Ein Commodore verfügte grundsätzlich über einen Sechszylindereihenmotor und bot Ausstattungsdetails der Oberklasse. Da ein Commodore bei gleicher Motorleistung im Schnitt 100 bis 200 kg weniger als z. B. ein Admiral auf die Waage brachte, dauerte es nicht lange, bis die Commodore-Fahrer zur dominanten Erscheinung auf der linken Autobahnspur wurden. Das Commodore A Coupé wusste noch mehr zu überzeugen als sein Rekord-Pendant,

1972 bis 1977: Trotz schriller Farben und viel Zierrat erschien das Commodore B Coupé stets elegant.

1973 bis 1979: Das Kadett C Coupé steht heute bei seinen Fans vor allem als »Rallye« und »GT/E« sehr hoch im Kurs.

1975 bis 1982: Der Manta B (Modell B1) kam deutlich moderner und zeitloser daher als sein Vorgänger.

1982 bis 1988: Selbst nach 13 Jahren Bauzeit wirkte der Manta B (Modell B2, hier ein CC) immer noch frisch.

1984 bis 1985: Nur 245 straßenzugelassene Exemplare des Manta B 400 wurden gebaut – mit und ohne Karosserieverbreiterungen.

1978 bis 1982: Für viele Opel-Liebhaber war der Monza A (Modell A1) das Coupé erster Wahl.

wenngleich sich mancher doch an der zum Teil recht aggressiven Kriegsbemalung der sportlichen GS- und GS/E-Modelle störte. Zwar blieb dem deutschen Commodore-Käufer ein V8-Motor stets vorenthalten. Doch dafür durften diese Kunden auf Wunsch mit dem Commodore A GS/E den ersten Opel mit Benzineinspritzung (D-Jetronic) über die Straßen scheuchen. Und obwohl der Commodore A alles andere als in Leichtgewicht ist, wusste er aufgrund seines Leistungspotenzials auch im Motorsport nachhaltig zu überzeugen.

Gerade der Motorbreitensport geriet Ende der 60er-Jahre nicht nur in Mode, sondern entwickelte sich zum Zugpferd für den Verkauf von Coupés im Opel-Programm. Den Anfang machte natürlich der legendäre Kadett B »Rallye«, gefolgt vom Rekord C »Sprint« und Commodore in GS- sowie GS/E-Ausstattung. Doch das alles waren natürlich schnittige und schnelle

1982 bis 1986: In der zweiten Hälfte seiner Bauzeit kam der Monza A (Modell A2) deutlich schlichter daher.

1990 bis 1997: Rennfahrer Manual Reuter mit dem Calibra A »Cliff« und dem ITC-Meisterschaftswagen von 1996.

1990 bis 1997: Wie bei kaum einem Opel vorher wurde beim Calibra A auf den Einsatz von Recyclingstoffen gesetzt.

1994 bis 2000: Der Tigra A wurde sechs Jahre unverändert gebaut und war der erste Star auf einer CD-ROM von Opel.

2000 bis 2004: Das Astra Coupé (Baureihe G) war formal gelungen, konnte aber seine Gene nicht verleugnen.

Autos, deren Keimzellen allerdings in den entsprechenden Limousinen zu suchen waren. Was Opel fehlte, war ein richtiger Sportwagen. Und den konnte man dann tatsächlich im Herbst 1968 beim freundlichen Opel-Händler kaufen! Was keiner für möglich gehalten hatte, war mit dem Opel GT doch Wirklichkeit geworden. Unter den geschickten Händen des Opel-Designers Erhard Schnell entstand ein faszinierender Zweisitzer, dessen technische Anlagen beim Kadett B zu finden sind. Aber an den denkt beim Anblick eines Opel GT wohl niemand. Viel zu zeitlos elegant zeigt sich der GT mit seinen Linien, von denen man glaubt, sie irgendwie schon einmal bei der Corvette von Chevrolet gesehen zu haben. Doch der Opel GT ist mehr und kein müder Abklatsch des US-Sportwagens. Denn mit seinem Design konnte auf allen Überfluss des Vorbilds zugunsten einer wesentlich formbetonteren, radikal schlichten Linienführung verzichtet werden. Und genau das ist es, was den Reiz eines Opel GT bis heute ausmacht. Zwar ist der Opel GT vom eigentlichen Coupé-Gedanken ein Stück entfernt angesiedelt, doch Opel hatte diesen Wagen seiner Zeit als Sportcoupé lanciert, verstanden und vermarktet.

Das geglückte Design und der Erfolg des Opel GT fanden natürlich auch in der GM-Zentrale Beachtung. Dort begann man zunehmend zu erkennen, dass die deutsche Konzerntochter Opel bei der Konzeption von kompakten und modernen Autos eine sichere Hand zu haben schien. Als Konsequenz darf die etwas gelockerte Führung im Opel-Design durch GM seit den späten 60er-Jahren gesehen werden. Was nicht heißen soll, dass der amerikanische Einfluss von nun an gänzlich abhanden kam. Aber die amerikanischen Führungskräfte im Opel-Design begannen nun zunehmend, auch mit italienischen und französischen Linien und Formen zu experimentieren. Diese Einflüsse waren zwar bei dem neuen Mittelklassecoupé namens Manta noch wenig zu spüren. Doch das 1970 präsentierte Coupé hatte schon eine wesentlich eigenständigere Formensprache vorzuweisen, die keine Rückschlüsse mehr auf seine Keimzelle der Ascona-Limousine zuließen. Wenngleich Stilmerkmale des Opel GT beim Manta A nicht zu verleugnen sind, finden sich auch deutliche Zitate eines Fiat Dino Coupé an diesem Wagen wieder. Der Manta A war eigentlich, zusammen mit der Limousine Ascona A, als Neuauflage von Kadett B und Olympia A gedacht. Aber Opel erkannte, dass eine eigenständige Modellreihe zwischen Kadett und Rekord positioniert werden musste, und lancierte im Winter 1970 diese neue Baureihe.

Mit der Vorstellung des neuen Opel Rekord D (zunächst Rekord II genannt) im Frühjahr 1972 konnten dann aber die neuen Richtungen im Opel-Design wesentlich deutlicher registriert werden. Große und glatte Flächen wurden nur von wenigen Sicken und Linien störend unterteilt oder gebrochen. Beinahe fließend fanden die markanten Karosserielinien ihre Bezugspunkte und konnten so einen völlig neuartigen, sachlichen Anspruch definieren. Besonders beim Rekord D Coupé. Sein Design bricht mit der bisher verfolgten »Rüsselsheimer Linie«, in dem es nur sehr dünne Dachpfosten zeigt, die eine gewisse Leichtigkeit des Daches über einer doch massiv gezeichneten Karosseriebasis ermöglicht. Wieder wird das Rekord D Coupé ausschließlich mit Vierzylindermotoren angeboten, damit die ebenfalls rundum erneuerten Commodore-Modelle der Baureihe B mit Sechszylindermotoren ihre Nische im Modellprogramm behalten können. Heute, nach gut 40 Jahren, erscheinen die Rekord D und Commodore B Coupés der zweiten Generation noch eleganter als früher, denn dieser sehr deutliche Wechsel im Opel-Design sucht seitdem seinesgleichen.

Der im unteren Marktsegment überfällige Wechsel konnte erst 1973 mit dem neuen Kadett C vollzogen werden. Denn die eigentlich dafür vorgesehene Konstruktion war ja bereits seit 1970 als Ascona und Manta A auf dem Markt. Doch diese drei Jahre nutzte Opel, um den Kadett C als erstes sogenanntes »Weltauto« zu entwickeln. Der Kadett C war somit Vorreiter für viele weitere Opel-Fahrzeuggenerationen, die neben ihrer Präsenz auf dem deutschen Markt auf den Märkten der Welt erfolgreich waren und noch sind. Selbstverständlich gab es beim Kadett C auch ein Coupé. Bei ihm behielt Opel das bewährte und stabile Konzept einer breiten C-Säule bei, deren Linie nun jedoch sehr elegant und in Korrespondenz mit flach geneigter Heckscheibe und Kofferdeckel zum Wagenheck auslief. Zwar konnte das Kadett C Coupé kaum die leichten und flächigen Blechpartien der »italienischen« Linie vorweisen. Doch gerade durch diesen vordergründig erscheinenden Nachteil erwies sich seine Konstruktion und Optik als geradezu ideale Basis für viele Derivate in aller Welt. Das Kadett C Coupé fand sich in allen Ausstattungs- und Leistungsstufen des Modellprogramms zwischen 1973 und 1979 wieder. Exklusiv waren dem Coupé jedoch die starken Vierzylindermotoren mit 1,9 Liter und später gar 2,0 Litern Hubraum vorbehalten. Als legendär und potente Basis für den Motorsport gelten seitdem die Coupé-Modelle mit Namen »Rallye« und »GT/E«.

Wussten Sie schon, ...

dass Opel 1995 als erste deutsche Marke alle Fahrzeuge mit Fullsize-Airbags für Fahrer/Beifahrer ausstattete?

In dieser Historie darf natürlich der Manta B nicht fehlen, denn wie kein anderes Modell hat er den Begriff des sportlichen

Coupés mit Familienqualitäten bei Opel nachhaltig geprägt. Als er im September 1975 die Bühne betrat, konnte weder jemand ahnen noch war es geplant, dass er sie erst 13 Jahre später wieder verlassen sollte. Diese lange Karriere des Manta B allein seinen Qualitäten zuzuschreiben, wäre falsch. Unbestritten jedoch stellt er im Vergleich zu seinem etwas verspielt wirkenden Vorgänger einen großen Schritt in Richtung neuer Sachlichkeit dar. Das Äußere des Manta B zeigt, wie schon das Rekord D Coupé, kaum Schnörkel und weitgehend nur wenige, fast gerade Linien. Und selbst das leichte, schwebende Dach findet sich an ihm wieder und dokumentiert damit die »italienische Linie« im Opel-Design der frühen 70er-Jahre. Markant ist der nahezu völlige Verzicht auf einen »echten«

2005 bis 2010: Ein Jahr nach der Vorstellung der Coupé-Studie in Genf kam des neue Astra GTC Coupé (Baureihe H) auf den Markt.

Kühlergrill, der am Manta B nur in Form zweier horizontal verlaufender Luftschlitze über der Stoßstange zu erahnen ist. Richtig durchatmen kann der Wagen deswegen nur durch die Öffnung unterhalb der Stoßstange, die sich aber optisch geschickt reduziert darstellt. Technisch war der Manta B weder innovativ noch aggressiv. Zeit seines Lebens durften nur Vierzylindermotoren bis 2,0 Liter Hubraum in ihm werkeln. Lediglich in den Sport- und Rennversion Manta »i240« und »400« kam ein Motorunterbau mit 2,4 Liter zum Einsatz. Der technische Rest war ebenfalls eher bieder, mit Einzelradaufhängung vorn und starrem Achsantrieb hinten. 1978 kam eine weitere Karosserieform des Manta B mit Namen »CC« (Combi Coupé) auf den Markt. Dem Kundenwunsch nach mehr Variabilität folgend, bot der Manta B CC eine große Heckklappe mit einem abgeflachten Heck, die den Wagen eher als »Hatchback« denn als Coupé auftreten ließen. Doch gerade das formal fast zeitlose Gewand des Manta B, dem kaum eine noch so brutale Änderung großen stilistischen Schaden zufügen konnte, sowie die millionenfach bewährte Technik dürften wohl die wesentlichen Beweggründe bei Opel gewesen sein, den Manta B bis 1988 zu bauen.

Von einer derartigen Produktkarriere können Fahrer eines Opel Monza der Baureihe A nur träumen. Formal und technisch eng mit der Limousine Senator A verwandt und vom Styling her mit deutlichen Anleihen an der Rekord E-Baureihe, bewies Opel Mut und Geschick, indem es diese beiden »großen Opel-Wagen« zusammen auf der IAA 1977 vorstellte. Heute erscheint ein solches Vorhaben nahezu undenkbar, obwohl man dafür dankbar wäre. Der Monza ist sofort als Coupé-Konzept zu identifizieren, obwohl z. B. der Vorderwagen mit dem der Senator-Limousine baugleich ist. Aber sein lang gestrecktes Fließheck mit großer Heckklappe schließt erst mit einem dezenten und kleinen Spoileraufschwung am Heck ab. Sehr breite Türen und eine durch dezent schwarze Lackierung zurückgehaltene B-Säule ergeben eine lang gestreckte und stilistisch sehr gelungene Seitenpartie. Parallel zu den

Senator-Limousinen verliefen die technische Entwicklung sowie die späteren Änderungen in der Serie. Zunächst war der Monza nur mit Sechszylinderreihenmotoren mit 2,5 bis 3,0 Liter Hubraum lieferbar. Dazu gab es allen technischen und optischen Luxus, den die technische Entwicklungsabteilung damals schon auf den Markt bringen konnte. Doch gegen Ende seiner fast achtjährigen Bauzeit wurde sein Konzept durch einen Vierzylindermotor mit 2,2 Liter Hubraum doch etwas verwässert. Auch die späten GSE-Versionen überzeugten mit ihren Digitalcockpits nicht die eigentliche Zielgruppe und sie sahen zudem ohne eleganten Chromschmuck eher wie ein Manta B denn wie ein Monza A aus.

Vom Manta B einmal abgesehen, herrschte mit der Produktionseinstellung des Monza A im Herbst 1986 zunächst einmal Flaute bei Opel; zumindest was die Coupés anging. Zwei Jahre später verschwand dann auch der Manta B aus den

2005 bis 2010: Das Astra GTC Coupé in der OPC-Ausstattung war der sportliche Ableger der Astra-Familie.

Verkaufsräumen und Opel hatte überhaupt kein Coupé mehr im Angebot. Erst auf der IAA im September 1989 sollten viele Gerüchte um ein neues Coupé verstummen, denn der Tennisstar Steffi Graf durfte einen Stoffmantel lüften, der den neuen Calibra bisher verdeckte und damit die wahre Schönheit dieses Abends vor neugierigen Blicken schützte. Mit dem Calibra lancierte Opel einen echten Treffer, wie es so gut nur selten gelingt. Calibra – das hört sich nicht so recht nach Opel an, und doch ist er ein echtes Kaliber aus Rüsselsheim. Bewährte Großserientechnik der Vectra A-Limousine steckte unter der attraktiven Coupé-Karosserie des Calibra und leider auch im Innenraum. Aber das wollte kaum jemand beachten, denn mit seiner aerodynamisch ausgefeilten (cw-Wert 0,26) und elegant gezeichneten Linie wusste der Calibra zu überzeugen. Kein geringerer als Opel-Design-Altmeister Erhard Schnell, der u. a. schon an der Gestaltung von Opel GT und Manta A beteiligt war, hatte dem Calibra seine schwung- und geschmack-

2010 bis 2018: Das neue Astra GTC Coupé (Baureihe J) war nach demselben Muster wie sein Vorgänger gestrickt.

vollen Linien mit auf den Weg gegeben. In bei Opel bisher kaum gekannter Konsequenz unterwarfen sich beim Calibra die technischen Sachzwänge aus der Basis (Vectra A) dem Diktat des Designgedankens. Mit vielerlei mechanischen und optischen Klimmzügen sowie durch echte technische Innovationen konnten die Designer und Ingenieure mit dem Calibra zeigen, was damals zu marktfähigen Preisen realisierbar war. Zunächst rollte der Calibra nur mit Vierzylindereinspritzmotoren vom Band. Doch schon bald konnte der Kunde Allradantrieb und/oder Turboaufladung für den 2,0 Liter 16V-Motor bestellen. Damit war der Calibra rund 240 km/h schnell, was die Entwickler aber nicht daran hinderte, schon bald einen V6-Benzinmotor mit 2,5 Liter Hubraum anzubieten. Nicht dass der Calibra mit diesem Motor noch schneller gewesen wäre, vielmehr wurde er dadurch zum agilen, eleganten und potenten Reisecoupé, dem ein herausragender Platz in der Opel-Historie schon heute sicher ist.

Das waren sicherlich sehr starke und emotionale Worte für ein Auto. Doch das sei bitte erlaubt, denn was Opel nach dem Calibra und bis heute noch an Coupés präsentiert hat, kann sich nicht ohne Weiteres mit diesem vergleichen. Bereits 1994 wurde ein kleines Coupé mit Namen »Tigra« vorgestellt. Gezeichnet hat dieses spöttisch »Sekretärinnenflitzer« genannte Coupé der Opel-Designer Hideo Kodama, aus dessen Feder schon der Corsa B stammte, der auch die technische Basis für den Tigra lieferte. Auch der Tigra konnte seine technische Keimzelle nur durch sein avantgardistisches Äußeres verbergen, das allerdings sehr dem Zeitgeschmack angepasst erschien. So konnte der Tigra vor allem in den ersten zwei Jahren verhältnismäßig viele (weibliche) Käufer begeistern, hatte jedoch schon frühzeitig mit seinem »Modedesign« zu kämpfen, das eigentlich nur zwei Sommer lang wirklich aktuell war. Technisch mit dem Corsa B identisch, überzeugte der Tigra vor allem Singles und junge Paare, denn im Wagenfond waren lediglich zwei harte Sitzschalen zu finden, auf denen nur zwei kleinwüchsige Personen Platz fanden. Durch die weit in die

Seitenlinien umgreifende Ganzglasheckscheibe war jedoch ein stattlicher Kofferraum zu beladen, der sich durch das Umlegen der Rücksitzlehne noch deutlich vergrößern ließ. Als positiv darf gewertet werden, dass man den Tigra während seiner sechsjährigen Produktionszeit optisch nicht veränderte und ihm somit seine Eigenständigkeit belassen hat. Mit Einstellung des Corsa B verschwand auch der Tigra im Sommer 2000 aus dem Angebot. Der 2004 vorgestellte Tigra B tritt allerdings nicht als direkter Coupé-Nachfolger an, denn er ist als Cabriolet mit Stahlfaltdach völlig anders konzipiert.

Der nächste Vertreter der Coupé-Historie entstand auf der Frontantriebsplattform der Astra-Familie (Baureihe G). Das Astra Coupé (intern Typ T98C) war eine gemeinschaftliche Entwicklung von Opel und dem italienischen Karosseriebauer Bertone in Grugliasco/Turin, bei dem der Wagen seit März 2000 vom Band lief. Das Astra Coupé darf, bei aller Akzeptanz, aber nur als eine Art »Notnagel« gesehen werden. Denn seine Entwicklung wie auch Optik waren so eng mit der zweitürigen Astra-Limousine verwandt wie bei kaum einem anderen Opel-Coupé. Zwar nahm sein kuppelförmig verlaufendes Dach deutliche Anleihen beim Calibra, doch von den Türgriffen bis hinab zur Straße erblickt man keine signifikanten Unterschiede zur zweitürigen Limousine. Selbst der Kofferdeckel war baugleich mit der viertürigen Stufenheck-Limousine! Aber genau diese enge Verwandtschaft gab dem Astra Coupé einen ganz entscheidenden Vorteil für den Wettbewerb mit auf den Weg: relativ großzügige Platzverhältnisse, vor allem hinten. Auch weitere Pluspunkte konnten aus dem Layout der Astra-Palette in das Coupé transferiert werden: vier Vierzylinderbenzinmmotoren mit 1,6 bis 2,2 Liter Hubraum mit 76 bis 147 kW sowie ein Vierzylinderdieselmotor mit 2,2 Liter Hubraum mit 92 kW, eine ergonomische Innenraumgestaltung, die allerdings ohne große optische Reize auskommen musste. Das Astra Coupé G wurde bis Dezember 2004 gebaut.

Wussten Sie schon, ...

dass der Opel Kapitän 1951 der beliebteste Wagen mit Sechszylindermotor in Westdeutschland war?

Wie man anhand der etwas nüchtern ausfallenden Beschreibungen der jüngeren Coupés ersehen kann, fiel es Opel zunehmend schwer, die eigene Coupé-Historie mit echten Konzepten weiterzuführen. Denn man zeigte mit der Studie »GTC« auf dem Autosalon in Genf Anfang 2004 kein wirkliches Coupé mehr. Obwohl Opel davon sprach, handelte es sich beim »GTC« um eine dreitürige Schrägheck-Limousine, die auf der nächsten Astra-Generation (Baureihe H) basierte, die bereits seit März 2004 vom Band lief. Der »GTC« erschien im März 2005. Damit wollte Opel zwei Fliegen mit einer Klappe schlagen: Der Astra-Dreitürer erhielt eine hinten deutlich abgeflachte Karosserie und den Namen »GTC«, womit die Astra-Modellfamilie durch nur ein Fahrzeug gleich doppelt bereichert wurde. Trotzdem konnte sich der »GTC« innerhalb der Astra-Familie absetzen, indem man ihm z. B. optional eine Panorama-Windschutzscheibe oder ein OPC-Paket mit auf den Weg gab. Bis zur Produktionseinstellung im September 2010

2012 bis 2018: In der kräftig auftragenden OPC-Version sollte das Astra GTC Coupé vor allem junge Fans begeistern.

gab es den »GTC« in 16 unterschiedlichen Motorisierungen, die vielfach verändert wurden: sieben Vierzylinderdieselreihenmotoren (CDTI) mit 1,3 bis 1,9 Liter Hubraum mit 66 bis 110 kW sowie neun Vierzylinderbenzinreihenmotoren (alle als 16V) mit 1,4 bis 2,0 Liter Hubraum mit 66 bis 177 kW.

Zwei Jahre nachdem die Astra-Baureihe J an den Start gegangen war, schob Opel im August 2011 den neuen Astra »GTC« als dreitürige Schrägheck-Limousine nach. Denn den Astra J gab es bis dato nur als fünftürige Limousine und Caravan. Trotzdem sprach Opel von einer Fortsetzung der Coupé-Historie. Doch dieser etwas pummelig wirkende Schrägheckaufguss wurde von den Fans nie recht als Coupé angenommen. Wie vorher schon beim ersten »GTC« (Baureihe H) blieb auch der neue »GTC« weit hinter den Absatzerwartungen zurück. Dabei war das Auto technisch wie qualitativ sehr gut. Lediglich die Raumausnutzung im Verhältnis zur Außengröße ließ zu wünschen übrig. Zwei Vierzylinderdieselreihenmotoren (CDTI) mit 1,7 und 2,0 Liter Hubraum mit 81 bis 121 kW und fünf Vierzylinderbenzinreihenmotoren (alle als 16V) mit 1,4 bis 2,0 Liter Hubraum mit 74 bis 206 kW kennzeichnete das knapper gehaltene Antriebsprogramm. Im April 2018 wurde der Astra J »GTC« aus dem Programm genommen. Damit endet die lange Ahnenreihe der Coupés von Opel, denn der Astra J »GTC« hat bisher keinen Nachfolger erhalten. Und wie es im Januar 2019 aussieht, wird es auf absehbare Zeit auch kein neues Coupé von Opel geben. Denn alle Bemühungen und Neuentwicklungen unter der neuen französischen PSA-Regie gehen in Richtung SUV und Mittelklasse.

Der Opel Ampera verfügte über einen elektrischen Antrieb, für den seine Batterie entweder extern oder mit dem im Fahrzeug integrieren Verbrennungsmotor aufgeladen werden konnte (Aufnahme von 2012).

Alte und neue Stromer

Alle reden von Elektroautos, doch kaum jemand kauft sie. Gut, das Angebot solcher Autos war innerhalb der letzten acht Jahre eher knapp und teuer. Selbst Opel mischte hier schon mit. Doch seit etwa drei Jahren kommen immer leistungsfähigere Alternativen auf den Markt, die den Kunden das Manko der mangelhaften Reichweite nehmen wollen und können. Für Städter mit eigener Immobilie, die überwiegend im Kurzstreckenbetrieb unterwegs sind, stellen die Elektroautos schon heute eine überlegenswerte Option dar. E-Tankstellen gibt es auch in zunehmender Anzahl, aber für den Bewohner einer Mietwohnung bleibt das nächtliche Aufladen seines elektrischen Laternenparkers mittels Kabel ein K.-o.-Kriterium. Doch das ließe sich

Wussten Sie schon, ...

dass im Oktober 1988 mit der Limousine Vectra A 4x4 der erste Opel Personenwagen mit einem permanenten Allradantrieb an den Start ging?

Das erste rein elektrisch angetriebene Fahrzeug von Opel kam Ende 2016 unter dem Namen »Ampera-e« auf den Markt. Mit diesem Wagen sind praxisgerechte Reichweiten erzielbar (Aufnahme von 2017).

alles regeln, wenn die Nachfrage steigen würde. Wir werden sehen, wohin uns der Weg in den nächsten Jahren führen wird. Auch von Opel wird es neue Elektroautos und Hybride geben.

Von Anfang 2012 bis Ende 2016 gab es für rund 40.000.- € bei Opel die Mittelklasse-Limousine »Ampera« (in den USA produziert und baugleich mit dem Chevrolet »Volt«), die über einen elektrischen Antrieb verfügte, der aus einer Batterie gespeist wurde. Damit waren 40 bis 80 km rein elektrischer Betrieb und eine Aufladung per Kabel von gut 80 Prozent der Kapazität möglich. Als zweiter Antrieb bei niedriger Batterieladung sowie zur grundsätzlichen Aufladung während der Fahrt war ein herkömmlicher 1,4 Liter Vierzylinderbenzinmotor (63 kW) als Reichweitenverlängerer »Range Extender« an Bord. Derart kombiniert bewegt, waren rund 450 km Reichweite drin. Aus physikalischen Gründen sank die Leistung der Batterie im Winter jedoch ab und der Verbrennungsmotor musste öfter zum Nachladen der Batterie anspringen. Nur knapp 800 »Ampera« ließen sich in Europa absetzen.

Im April 2017 erschien diese Vergleichstabelle der gängigsten Fahrzeuge mit Elektroantrieb. Demnach liegt der »Ampera-e« bei der Reichweite gleich hinter den innovativen Tesla-Wagen.

Die Produktion des ersten richtigen Elektroautos von Opel namens »Ampera-e« (für Deutschland, Schweiz und Norwegen) startete im November 2016 im GM Werk in Orion/Michigan USA, denn der »Ampera-e« ist im Wesentlichen baugleich mit dem Chevrolet »Bolt« (für Nordamerika und Südkorea). Die Lithium-Ionen-Batterie des »Ampera-e« hat eine Kapazität von 60 kWh, mit dem ein 150 kW starker Elektromotor angetrieben wird. Damit kommt der Wagen, je nach klimatischen Verhältnissen, 520 km (gemessen nach NEFZ, Neuer Europäischer Fahrzyklus) bzw. etwa 380 km (geschätzt nach WLTP, Worldwide Harmonized Light-Duty Vehicles Test Procedure) weit. Das kann sich sehen lassen, allerdings zu einem hohen Preis. Denn einen »Ampera-e« gibt es erst ab 42.999.- €. Und nach dem Kauf kann man sich auf Lieferzeiten von vier bis zwölf Monaten einstellen, denn der »Ampera-e« ist ein Produkt der

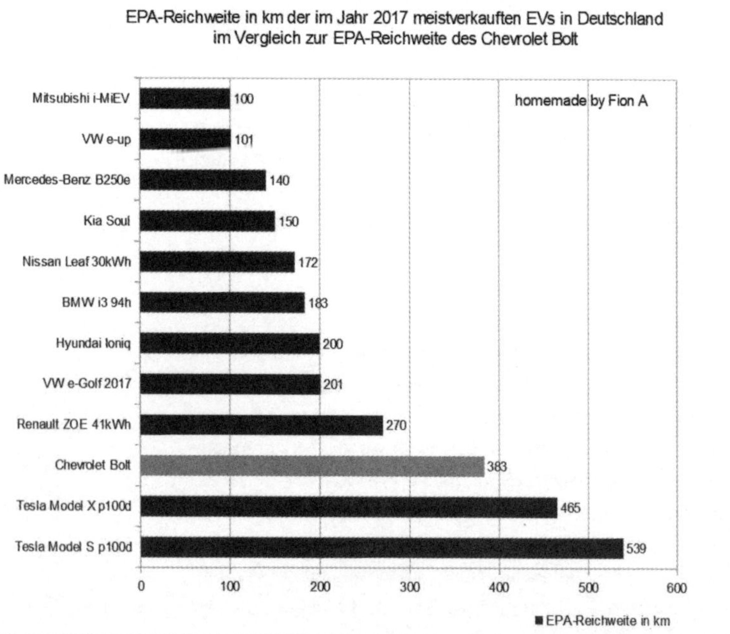

Das SUV Grandland X wird seine Größe und Optik auch nach Integration eines Elektro-Hybrid-Antriebs kaum verändern (Aufnahme von 2018).

Der Opel-CEO Michael Lohscheller posiert vor der neuen und fahrbereiten Studie »GT-X Experimental«, die schon mal optisch zukünftigen Opel-Modellen den Weg weist (Aufnahme von 2018).

ehemaligen Opel-Mutter General Motors, die ihre Lieferungen an den neuen Opel-Eigner PSA sparsam hält und sehr gut bezahlen lässt (hohe Lizenzgebühren). Das Anschieben der Elektromobilität geht anders!

Opel will unter PSA-Regie bei der Elektrifizierung seiner Modellpalette Tempo machen. Bereits im ersten Halbjahr 2019 sollen gleich zwei elektrifizierte Modelle zu vernünftigen Preisen bestellbar sein: Den neu entwickelten »Corsa« (Baureihe F) in einer rein batterieelektrischen Variante sowie das SUV »Grandland X« als Plug-in-Hybrid mit einer Systemleistung von 300 PS und elektrischem Allradantrieb. Mit dem ebenfalls komplett neu konstruierten »Vivaro« erhält ab 2020 auch das Transportersegment eine rein batterieelektrische Variante. Für den Nachfolger des erfolgreichen Kompakt-SUV »Mokka X« wird es ab 2020 ebenfalls eine vollelektrische Variante geben. Und die optische Zukunft der neuen Opel kann an der 2018 vorgestellten Studie »GT-X Experimental« abgelesen werden.

Familienbande

Adam Opel als stolzer Handwerker in Arbeitskluft (Aufnahme um 1865).

Es gibt ein paar Fakten, die man als Opel-Fan schon wissen sollte. Dazu gehören natürlich die wichtigsten Daten aus der Chronik der Gründerfamilie Opel. Zwar liegen das Leben und Wirken des Gründerehepaars und seiner fünf Söhne schon lange zurück. Doch bis heute ist der Geist dieser deutschen Industriellenkarrieren zu spüren.

Am 9. Mai 1837 wurde Adam Opel in Klein-Gerau bei Rüsselsheim als dritter Sohn des Schlossermeisters Philipp Wilhelm Opel geboren. Von 1854 bis 1857 absolvierte er eine Schlosserlehre im väterlichen Betrieb. Von 1857 bis 1862 war Adam Opel als Geselle auf Wanderschaft. Bereits 1863 gründete er einen eigenen Betrieb zur Herstellung von Nähmaschinen. 1868 heiratete er Sophie Scheller und 1886 begann die Fahrradproduktion. Am 8. September 1895 starb Adam Opel in Rüsselsheim an den Folgen einer Typhusinfektion.

Am 13. Februar 1840 wurde Sophie Marie Scheller in Domholzhausen als Tochter eines Gastwirts und späteren Fabrikanten geboren. 1868 heiratete sie Adam Opel. 1869: Geburt von Sohn Carl. 1871: Geburt von Sohn Wilhelm. 1873: Geburt von Sohn Heinrich. 1875: Geburt von Sohn Friedrich. 1880: Geburt von Sohn Ludwig. 1895: Übernahme der Firmengeschäfte nach dem Tod ihres Mannes zusammen mit ihren Söhnen. 1899: Beginn der Automobilproduktion. Am 30. Oktober 1913 starb Sophie Marie Opel in Rüsselsheim.

Adam Opel war ein begeisterter Jäger (Aufnahme von 1893).

Am 31. August 1869 wurde Carl Opel als erster Sohn von Sophie Marie und Adam Opel in Rüsselsheim geboren. 1895: Übernahme der Firmengeschäfte nach dem Tod des Vaters zusammen mit seiner Mutter und den Brüdern, Heirat mit Helena Wilhelmine Mouson. 1896: Geburt von Tochter Sophie Eleonore Opel. 1899: Beginn der Automobilproduktion. 1899: Geburt von Sohn Hans Opel. 1908: Geburt von Tochter Eleonore Johanna Carola Opel. 1912: Geburt von Sohn Georg Opel. 1918: Erhebung in den Adelsstand. Am 16. Februar 1927 starb Carl von Opel in Rüsselsheim.

Sophie Marie Opel, geborene Scheller, heiratete Adam Opel 1868 (Aufnahme von 1868).

Am 15. Mai 1871 wurde Wilhelm Opel als zweiter Sohn von Sophie Marie und Adam Opel in Rüsselsheim geboren. 1895: Übernahme der Firmengeschäfte nach dem Tod des Vaters zusammen mit seiner Mutter und den Brüdern. 1897: Heirat mit Martha Bade. 1899: Beginn der Automobilproduktion. 1899: Geburt von Sohn Fritz Opel (er wurde später zum »Raketen-Fritz«). 1908: Geburt von Tochter Eleonore Sigrid Else Opel. 1917: Erhebung in den Adelsstand und Ernennung zum Geheimrat. 1929: Verkauf der Adam Opel AG an General Motors und Eintritt in den Aufsichtsrat. 1933: Ehrenbürger der Stadt Wiesbaden

Sophie Marie Opel als erfolgreiche Unternehmerin (Aufnahme von 1911).

und Eintritt in die NSDAP. 1947: Verurteilung wegen Mitläuferschaft während des Naziregimes. Am 2. Mai 1948 starb Wilhelm von Opel in Wiesbaden.

Am 22. September 1873 wurde Heinrich Adam Opel wird als dritter Sohn von Sophie Marie und Adam Opel in Rüsselsheim geboren. 1895: Übernahme der Firmengeschäfte nach dem Tod des Vaters zusammen mit seiner Mutter und den Brüdern. 1898: Heirat mit Emilie Weber. 1899: Beginn der Automobilproduktion und Geburt von Sohn Heinz Opel. 1900: Kauf des Schlosses Westerhaus als Familiensitz. 1902: Geburt von Tochter Emmy Opel. 1907: Geburt von Tochter Irmgard Opel. 1917: Erhebung in den Adelsstand und Ernennung zum Geheimrat. Am 25. Mai 1928 starb Heinrich Adam von Opel in Mainz.

Die fünf Opel-Söhne: Carl, Wilhelm, Heinrich, Friedrich und Ludwig (Aufnahme von 1895).

Die Opel-Söhne, ein Jahr später: Carl, Fritz, Wilhelm, Heinrich und Ludwig.

Am 30. April 1875 wurde Friedrich Franz Opel wird als vierter Sohn von Sophie Marie und Adam Opel in Rüsselsheim geboren. 1893: Maschinenbaustudium am Technikum Mittweida. 1894: Sieg bei der Radfernfahrt Basel-Cleve. 1895: Mitinhaber der Firma Opel (unter Vormundschaft, da er noch nicht volljährig war) nach dem Tod des Vaters, zusammen mit seiner Mutter und den Brüdern. 1897: Chefkonstrukteur der Firma Opel. 1924: Einführung der Fließbandproduktion. 1927: Ehrendoktor der TU Darmstadt. 1929: Verkauf der Adam Opel AG an General Motors. Am 30. August 1938 starb Dr. h. c. Friedrich Franz Opel in Wien.

Am 1. Januar 1880 wurde Ludwig Opel als fünfter Sohn von Sophie Marie und Adam Opel in Rüsselsheim geboren. 1895: Mitinhaber der Firma Opel (unter Vormundschaft, da noch nicht volljährig war) nach dem Tod des Vaters, zusammen mit seiner Mutter und den Brüdern. 1898: Jurastudium an den Universitäten Gießen und Freiburg. Zweiter Platz bei der Weltmeisterschaft im Radrennsprint der Amateure. 1904:

Assessorexamen. 1905: Promotion zum Dr. jur. und Leitung der Opel-Filiale in Berlin. 1911: Eintritt als Mitinhaber in die Opel-Geschäftsführung in Rüsselsheim. Am 16. April 1916 fällt Dr. Ludwig Opel im Ersten Weltkrieg als Oberleutnant an der Ostfront. An ihn erinnert die Dr. Ludwig Opel Stiftung für Wohnungsbau in Rüsselsheim.

In der Geschichte der Gründerfamilie Opel darf natürlich nicht Fritz von Opel fehlen. Er war Enkel von Adam Opel, Sohn von Wilhelm Opel und Vetter von Georg Opel. Nach dem Studium baute er 1928 gemeinsam mit Max Valier und Friedrich Wilhelm Sander drei Rennwagen mit Pulverraketenantrieb und er führte 1929 den ersten bemannten Raketenflug durch.

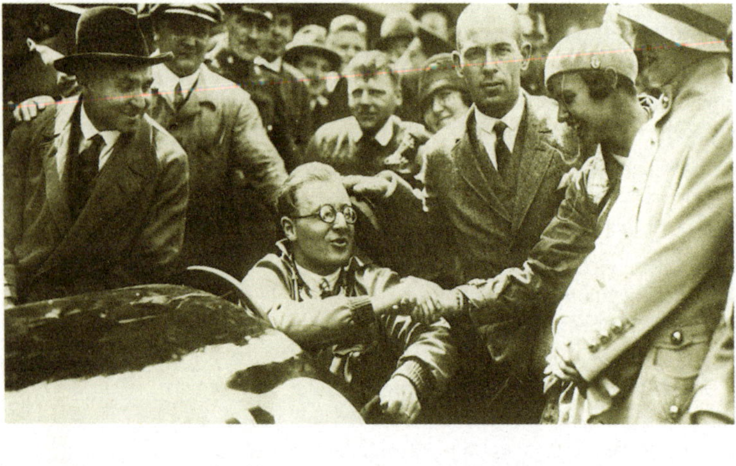

Fritz von Opel, »Raketen-Fritz« genannt, war das wohl populärste Mitglied der Familie. Das Bild zeigt ihn am 23. Mai 1928 nach der Rekordfahrt mit dem Raketen-Rennwagen Opel RAK 2 auf der Berliner Avus. Links Opel-Rennfahrer Carl Jörns, rechts der Astronom und Publizist Max Valier.

Gemälde von Adam Opel aus dem Jahr 1894.

Am 4. Mai 1899 wurde Fritz Opel als erster Sohn von Martha und Wilhelm Opel in Rüsselsheim geboren. 1917: Studium an der TH Darmstadt und Erhebung in den Adelsstand, da Vater Wilhelm diese Ehre zuteilwurde. 1928: Rekordfahrten mit den Fahrzeugen RAK 1 bis 3. 1929: Erster bemannter Raketenflug. 1930: Heirat mit Margot Löwenstein. 1946: Scheidung. 1947: Heirat mit Emita Herrán Olozaga und Geburt von Sohn Frederick von Opel, genannt Rikky. 1951: Geburt von Tochter Marie-Christine von Opel, genannt Putzi. Am 8. März 1971 starb Fritz von Opel in Samedan, St. Moritz.

Goldenes Lenkrad

Das »Goldene Lenkrad« dürfte die wohl bekannteste Auszeichnung für Automobile in Deutschland sein. Seit 1976 wird sie von der im Axel Springer Verlag erscheinenden Zeitschrift »Bild am Sonntag« – ab 2009 in Kooperation mit der Zeitschrift »Auto Bild« – verliehen. Ein 30-köpfiges Team, bestehend aus Motorjournalisten und Prominenten, testet dafür vorausgewählte Wagen unterschiedlicher Hersteller und Kategorien, die sich im Laufe eines Jahres besonders ausgezeichnet haben. Zur Ermittlung der Preisträger wird ein umfangreicher Kriterienkatalog aufgestellt, dessen Anforderungen sich im Laufe der Zeit aufgrund technischer und ökologischer Änderungen/Ansprüche ändern bzw. angepasst werden. Opel-Fahrzeuge gehören seit jeher zu den Favoriten, die sich hauptsächlich mit den Wettbewerbern aus dem Volkswagenkonzern messen dürfen. Zwischen 1978 und 2017 konnte Opel 17-mal die Auszeichnung »Goldenes Lenkrad« gewinnen.

Wussten Sie schon, ...

dass die Opel-Mitarbeiterzeitschrift »Opel Post« im November 2009 ihren 60. Geburtstag feierte?

1978: Opel Senator A

Der Senator A löste die legendären Oberklasselimousinen Kapitän, Admiral und Diplomat (Baureihe B, bis 1977) ab und blieb bis 1993 das neue Opel-Flaggschiff.

1979: Opel Kadett D

Der Kadett D, erstmals ein Opel mit Frontantrieb, verfügte durch quer eingebaute Motoren über viel Raum auf kompakter Fläche, obwohl er 126 mm kürzer als sein heckgetriebener Vorgänger war.

1982: Opel Corsa A

Der nur 3,62 Meter kurze frontgetriebene Kleinwagen Corsa A überzeugte mit ausgestellten Radhäusern, sportlichem

Handling und einem vorbildlichen Luftwiderstandsbeiwert von c_w 0,36.

1984: Opel Kadett E

Der Kadett E setzte die Siegesserie von Opel fort. Der Wagen galt als Aerodynamik-Champion. Die Fließheck-Limousine erreichte einen sehr guten Luftwiderstandsbeiwert von c_w 0,32.

1987: Opel Senator B

Obwohl der Senator B auf dem heckgetriebenen Opel Omega A basierte, wusste das neue Opel-Flaggschiff durch überzeugende Technik und ein gutes Preis-Leistungs-Verhältnis zu überzeugen.

1990: Opel Calibra A

Ein atemberaubend gezeichnetes Sportcoupé mit dem weltbesten Luftwiderstandsbeiwert von cw 0,26! Im Motorsport holte sich ein Calibra V6 1996 die Tourenwagenkrone und gewann die ITC.

1994: Opel Omega B

Die zweite Auflage des Omega hatte es mit seinem neuen V6-Benzinmotor der-Jury besonders angetan. Als Caravan war der Omega B sicherer Lademeister seiner Kasse.

1995: Opel Vectra B

Der Vectra B zog besonders durch seine aerodynamisch geformten Außenspiegel, die mit der Motorhaube eine harmonische Einheit bildeten, die Blicke auf sich. Kein Wunder, denn Opel-Designer Erhard Schnell (Schöpfer des Opel GT) hatte den Wagen gezeichnet.

1999: Opel Zafira A

Wer hat's erfunden? Opel! Den Kompaktvan Zafira A nämlich, der sich im Handumdrehen vom Siebensitzer in einen Lastesel verwandeln ließ – ohne dass ein Sitz ausgebaut werden musste.

2002: Opel Vectra C

Der Vectra C brachte bei Opel die Mittelklasse mit vernetzten CAN-Bus-Systemen (ohne Kabelbäume) und elektrohydraulischer Lenkung ins Elektronikzeitalter.

2005: Opel Zafira B

Mit dem weiterentwickelten Flex7-Sitzsystem war auch der Zafira B das Maß der Dinge bei der Bewertung und in der OPC-Version gleichzeitig der schnellste Van der Welt!

2009: Opel Astra J

Der Astra J folgte der neuen Designphilosophie von Opel, nach der skulpturale Formgebung auf deutsche Ingenieurskunst trifft. Assistenzsysteme, Frontkamera und das Lichtsystem AFL+, das um die Ecke schauen kann, überzeugten die Jury.

2010: Opel Meriva B

Der Meriva B unterstrich mit seinem FlexSpace-Innenraumsystem das Van-Know-how von Opel. Die hinten angeschlagenen Fondtüren sorgten bei der-Jury für viel Applaus.

2012: Opel Zafira C

Der nun Zafira Tourer genannte Großraumvan überzeugte mit variablem Innenraum mit Loungekomfort, Panoramaglasdach und radarbasierter Abstandsmessung und Kollisionswarnung.

2015: Opel Astra K

Der Astra K basierte auf einer neuen Leichtbaufahrzeugarchitektur. Er bot Ausstattungsfeatures, die es bislang nur in der Oberklasse gab: beste Vernetzung via Smartphone-Integration oder dem persönlichen Online- und Serviceassistenten OnStar.

2017: Opel Ampera-e

Der Ampera-e zeigte der Konkurrenz die Rücklichter – mit dem Antritt eines Sportwagens und der mit Abstand größten elektrischen Reichweite aller Wettbewerber in seinem Segment.

Der neue Kadett D feierte als erster Opel mit Frontantrieb im September 1979 auf der IAA in Frankfurt seine Premiere.

40 Jahre Frontantrieb

Auf der Int. Automobilausstellung (IAA) in Frankfurt debütierte im September 1979 mit dem Kadett D das erste Frontantriebsmodell in 80 Jahren Automobilbau bei Opel. Erstmals verfügte die neue Kompaktklasse über einen quer zur Fahrtrichtung eingebauten Motor. Das 60 und 75 PS starke 1,3 Liter Vierzylindertriebwerk besaß einen Aluminiumquerstromzylinderkopf und eine oben liegende, fünffach gelagerte Nockenwelle mit Zahnriemenantrieb. Eine Besonderheit in dieser Hubraumklasse war der hydraulische Ventilspielausgleich, der eine Kontrolle des Ventilspiels überflüssig machte. Das Basismodell mit dem 1,2 Liter Vierzylinderbenzinmotor leistete 53 PS.

Vom neuen Antriebslayout des Kadett D profitierten die Passagiere, denn für sie und das Gepäck verbesserte sich das Platzangebot. »Die Entscheidung für den Frontantrieb und

Auf modernisierten Produktionsanlagen lief der Kadett D im Opel-Werk Bochum bereits ab August 1979 vom Band.

den Quereinbau des Motors war allein eine Frage des größten Innenraums bei möglichst geringen Abmessungen«, erläuterte damals Karl Bettmann, seinerzeit Chefingenieur für Motor und Fahrwerk. Heute würde man zu dieser Raumökonomie wohl Packaging sagen. Nach Opel-Definition handelte es sich dabei um die clevere Aufteilung der Räume für Technik, Passagiere und Gepäck innerhalb eines kompakten Fahrzeugkörpers. Die Vorteile des neuen Prinzips nutzte der Kadett D konsequent: Er verfügte über einen der längsten Innenräume seiner Klasse und übertraf mit einem Kofferraumvolumen von bis zu 410 Litern den Hauptkonkurrenten VW Golf um rund 50 Liter. Doch lassen wir uns vom Marketinggeschwurbel nichts vormachen: Der Golf war vier-Jahre vorher auf den Markt gekommen!

Dass hinten eine Verbundlenkerachse mit Miniblockfedern die alte Starrachse ablöste, hatte ebenfalls Auswirkungen auf die Raumausnutzung. Der 42 Liter große Tank (Caravan 50 Liter) konnte unter die Rücksitzbank wandern und ermög-

Kadett D als zweitürige und fünftürige Luxus-Limousine.

In der Berlina-Version war der Kadett D nochmals luxuriöser ausgestattet.

Sportlichkeit ab Werk: Der Kadett GT/E leistete 115 PS und war knapp 190 km/h schnell.

Kadett D Caravan als Sondermodell »Pirsch« von 1982.

lichte mit der dadurch jetzt umlegbaren Rücksitzbank jene Vielseitigkeit, die heute längst klassentypisch ist. An der Vorderachse kamen McPherson-Federbeine zum Einsatz. Vom quer eingebauten Motor und der flacheren Haube profitierte auch die Aerodynamik: Mit einem Luftwiderstandsbeiwert von c_w 0,39 war der Kadett D eines der windschlüpfrigsten Fahrzeuge seiner Kategorie und bestätigte auch in diesem Punkt die kommenden Opel-Entwicklungen in diesem Sektor. Für Opel bedeutete der Kadett D einen technischen Quantensprung. Gleichzeitig war er den klassischen Opel-Tugenden verpflichtet. Der neue Kadett D kam an, denn 1979 verlieh ihm eine internationale Jury das »Goldene Lenkrad« als bestes Fahrzeug seiner Klasse.

1981 wurde die Motorenpalette um einen 90 PS leistenden 1,6 Liter Vierzylindermotor ergänzt. Ab 1982 bot Opel mit dem 54 PS starken 1,6 Liter Vierzylinderdieselmotor erstmals einen Selbstzünder in seiner Kompaktklasse an. Das sportliche Topmodell debütierte im Januar 1983: Der Kadett GTE verfügte über einen 1,8 Liter Vierzylindereinspritzmotor mit 115 PS und war knapp 190 km/h schnell. Bis zum Generationswechsel im Spätsommer 1984 produzierte Opel 2.056.771 Millionen Einheiten des Kadett D (inkl. Vauxhall Astra für England).

September 1970: Das LS-Coupé ersetzt das Fastbackcoupé, doch es bleibt ein echter Rallye-Kadett.

Von wegen GTI!

Obwohl der wahre GTI immer in den Reihen von Volkswagen gesucht wird, gab es diverse deutsche Hersteller, die schon viele Jahre vorher den heute verklärt propagierten »GTI-Geist« auf die Straßen zu schicken wussten. Wir erinnern uns: Der VW Golf GTI kam erst 1976 auf den Markt. Zu diesem Zeitpunkt konnte Opel schon auf eine zehnjährige, überaus erfolgreiche Historie kleiner, leistungsstarker Automobile zurückblicken! Gemeint ist der Rallye-Kadett. Dieses Auto wusste vom Start weg zu begeistern, denn in Bezug auf Gewicht, Leistung und Preis konnte kaum ein Konkurrent den schnellen Rallye-Kadetten das Wasser reichen. Als diese kleine Opel-Rakete in Form eines Fastbackcoupés im November 1966 auf den Markt kam, avancierte der Rallye-Kadett sofort zum Traumwagen sportlich angehauchter Fahrer.

Wussten Sie schon, ...

dass 1971 der Anteil der bei Opel beschäftigten Gastarbeiter auf 21 Prozent stieg?

Rund 850 kg Kampfgewicht mussten zunächst von 60 PS (1,1 Liter SR-Motor) in Schwung gebracht werden, was zunächst alles andere als sportlich war. Doch primär wusste die Optik des Rallye-Kadett zu überzeugen: Mehr Schein als Sein war das Motto. Schwarze Rallyestreifen, Zusatzscheinwerfer, sportlicher Innenraum und ein unschlagbar günstiger Einstiegspreis ließen knapp 15.000 Käuferherzen bis zum September 1967 schwach werden. Diese neue Sportlichkeit bei Opel fand nicht nur beim Kunden Anklang. Auch im Motorsport wurden die Rallye-Kadetten überaus erfolgreich eingesetzt. Doch das war noch nicht das Ende der Fahnenstange, denn der »richtige« Rallye-Kadett stand zum Modelljahr 1968 beim Händler: 900 kg Leergewicht und 90 PS unter der Haube. Das war die Ansage.

Jetzt schlugen die Käufer erst richtig zu. Kaum ein junger Mann, der Ende der 60er-Jahre nicht von diesem Opel-Rallye-Auto träumte. Mit einem Leistungsgewicht von 10 kg pro PS stellte der Rallye-Kadett der zweiten Bauserie die ideale Sportbasis dar – auf der Rennstrecke und auf dem Weg ins Büro. Damit praktizierte Opel genau das, was in den USA schon seit den frühen 60er-Jahren zum guten Ton jeder Automarke gehörte. Man pflanzte starke Motoren in kleine Autos ein und der Volksmund nannte diese Spezies dann »Muscle Car«. In Europa folgten nur wenige Hersteller diesem Trend. So hatte es Opel nicht schwer, dieses Marktsegment fast komplett für sich zu vereinnahmen. Erst Anfang 1969 folgte z. B. Ford mit dem Capri diesem neuen Trend.

September 1967: Die Rallye-Kadett der 1. + 2. Bauserie wurde auch »Kiemen-Coupé« genannt.

30. April 1971: Der 100.000. Rallye-Kadett läuft in Bochum vom Band.

Doch der Rallye-Kadett war eine Klasse für sich: Unschlagbar in Leistung, Preis und Zuverlässigkeit. Nach knapp 36 Monaten Bauzeit lief am 30. April 1971 der 100.000.- Wagen in Bochum vom Band. Für die damalige Zeit eine Sensation. Denn der Rallye-Kadett war ja nur das Sportmodell der populären Kadett B-Baureihe, in der die Kunden die Wahl zwischen zwei- und viertürigen Limousinen, »zivilen« Coupés und natürlich auch Caravan-Modellen hatten. Daneben gab es zwischen 1967 und 1970 mit gleicher Karosserie noch die Baureihe Olympia A, bei der es sich jedoch nur um luxuriös ausgestattete Kadett-Ableger handelte. Der Rallye-Kadett fuhr unterdessen von Erfolg zu Erfolg – im Sport und bei den Kunden. Ab August 1972 gab es den Rallye-Kadett auch mit dem 1,2 Liter S-Motor mit 60 PS. Bis zur Einstellung der Produktion im Juli 1973 verließen ca. 170.000 Rallye-Kadett die Bänder. Damit endete die Erfolgsgeschichte eines echten »GTI« aus dem Hause Opel, drei Jahre bevor die Wolfsburger Kollegen etwas Vergleichbares auf die Räder stellen konnten.

Fahrbereite Studie »Insignia« von 2003 als Ausblick für die obere Mittelklasse.

Nur noch Mittelklasse

Als im Juli 2008 die erste Generation des neuen Opel Insignia (Baureihe A) vorgestellt wurde, endete gleichzeitig Opels Typenvielfalt in der Mittelklasse. Denn die Modelle Vectra C und Signum A waren kurz zuvor eingestellt worden und bekamen nur einen Nachfolger, den Insignia A. Zuvor hatte sich Opel schon komplett aus der oberen Mittelklasse (Omega B, bis 2003) zurückgezogen. Und sehnsüchtig erinnern wir uns an die Zeiten, als Opel mit den Modellen Rekord (bis 1986) und Commodore (bis 1982) im Segment der oberen Mittelklasse noch oben mitspielte. Vom Rückzug aus der Oberklasse mit Kapitän, Admiral und Diplomat (bis 1977) und Senator (bis 1993) ganz zu schweigen.

Der Begriff Mittelklasse war und ist übrigens nicht (mehr) einheitlich definiert. Seit Jahrzehnten sortieren Gesetzgeber

Coupé-Studie »GTC Concept« von 2007 mit Designelementen für zukünftige Opel.

Insignia A Limousine ab 2008 bis 2017.

Insignia A Sports Tourer ab 2009.

Insignia B Grand Sport ab 2017.

(meist nach Größe, Leistung etc.) und Motorpresse (meist markenbezogen) neue Fahrzeuge oft willkürlich in das bestehende Klassensystem ein. So kommt es vor, dass z. B. ein Wagen eines vermeintlichen »Premiumherstellers« mit einer Gesamtlänge von 4,50 m und max. 150 PS schon der oberen Mittelklasse zugeordnet wird, während z. B. ein 5,0 m langer und 260 PS starker Opel (Insignia B Sports Tourer) noch in der Mittelklasse unterwegs sein soll. Man sollte sich von diesem Klassensystem ein für alle Mal verabschieden. Denn die modischen SUV mit ihrer schieren Größe bei minimiertem Raumangebot lassen sich kaum noch in den tradierten Klassen fassen. Und wenn demnächst noch größere Pick-ups nach US-Format als Personenwagen auf den deutschen Markt kommen, sieht selbst eine Fünfmeter-Limousine der Oberklasse alt bzw. winzig aus.

Wussten Sie schon, ...

dass bereits 1950 der Wiederaufbau des im Krieg zerstörten Werks in Rüsselsheim abgeschlossen war?

In der Mittelklasse musste es der neue Insignia A nun richten, den es zunächst nur als viertürige Limousine (mit kleinem Kofferdeckel oder großer Heckklappe) gab. Bei seiner Namensgebung stand wohl kaum das gleichnamige und 1998 gebaute Kreuzfahrtschiff Pate. Er dürfte sich eher aus dem lateinischen »insigne« ableiten lassen, das für ein Abzeichen oder Kennzeichen staatlicher, ständischer oder religiöser Würde steht. Bis heute geht einigen Kunden und Traditionalisten der Name »Insignia« trotzdem noch schwer über die Lippen. Dabei hatte er bei Einführung schon so etwas wie eine Tradition vorzuweisen. Denn bereits 2003 präsentierte Opel auf der IAA in Frankfurt eine Studie für eine viertürige Schrägheck-Limousine mit Namen »Insignia«. Auch optisch war der neue Insignia keineswegs eine Überraschung, denn seine Gestaltungsgrundlagen konnten schon an der Studie »GTC Concept« abgelesen werden, die in 2007 in Genf vorgestellt wurde.

Der neue Insignia A war qualitativ für Opel ein deutlicher Schritt nach vorn, wenngleich alle Varianten deutlich zu schwer gerieten. In Zusammenarbeit mit GM entstand der Wagen auf der neuen »Epsilon 2« genannten Plattform, die auch Fahrzeuge wie Buick Regal, Chevrolet Malibu und Saab 9-5 II nutzten. Im Laufe seiner Bauzeit gab es den Insignia A mit Vierzylinderbenzinmotoren mit 1,4 bis 2,0 Liter Hubraum mit Leistungen zwischen 85 und 184 kW (überwiegend mit Turboaufladung), einem V6-Turbobenzinmotor mit 2,8 Liter Hubraum (191 bis 239 kW) sowie CDTI-Vierzylinderdieselmotoren (Common Rail Diesel Turbo Injection) mit 1,6 bis 2,0 Liter Hubraum mit Leistungen zwischen 81 und 143 kW. Ein Sechsgangschaltgetriebe war immer an Bord. Optional gab es für einige Motoren ein Sechsstufenautomatikgetriebe. Das Ganze war grundsätzlich mit Frontantrieb kombiniert, wobei einige Motoren ab 2,0 Liter Hubraum auch mit Allradantrieb verfügbar waren. Bei den stärksten Dieselmotoren und beim V6-Benzinmotor war dieser Antrieb obligatorisch.

2009 kam dann endlich der stets fünftürige Insignia Kombi, der bei Opel in Neudeutsch »Sports Tourer« hieß. Für die sportlich orientierten Fahrer hielt Opel die OPC-Varianten bereit (Opel Performance Center). Während die Insignia-Limousinen im Verhältnis zur Außengröße innen schon relativ eng geschnitten waren, schaffte es der Sports Tourer trotz gut acht Zentimeter mehr Außenlänge (bei unverändertem Radstand von 2.737 mm) im Innenraum nicht, die Erwartungen an einen echten Kombi in Tradition des seligen »Caravan« zu erfüllen. Ich hatte in einem Artikel mal geschrieben, dass Opel mit dem Sports Tourer eigentlich den Titel »Weltmeister im Platzverschwenden« verdient gehabt hätte. Denn der zeitgenössische Astra Caravan (Baureihe J, ebenfalls zum Sports Tourer mutiert), der eine Fahrzeugklasse tiefer unterwegs war, bot nur unwesentlich weniger Stauraum. Im Juni 2013 erhielten alle Insignia eine große Modellpflege und Ende 2013 gab es den Insignia als »Country Tourer« in Form eines höhergelegten Allradkombis. Bis Ende Februar 2017 wurden 944.670 Insignia A produziert.

Wussten Sie schon, ...

dass die Opel-Presseabteilung bereits seit 1997 mit einem eigenen Auftritt online ist?

Im Juni 2017 stellten die Händler den Nachfolger Insignia B vor, den es nur noch als fünftürige Schrägheck-Limousine (nun »Grand Sport« genannt) und als fünftürigen Sports Tourer (auch als »Country Tourer« verfügbar) gibt. Die Limousine ist nun knapp 4,9 m lang und der Sports Tourer übersteigt die Außenlänge von fünf Meter um vier Millimeter. Das sogenannte »Package« wurde bei beiden Modellen zwar verbessert, doch noch immer bieten beide Wagen im Verhältnis zur Außenlänge nur durchschnittliche Innenraumgrößen. Diese sind jedoch nun ausreichend groß, zumindest nach heutigen Maßstäben aller Hersteller gemessen, bei denen sich das Verhältnis von Außenlänge zu Innenraumgröße mit jeder neuen Modellgeneration meistens verschlechtert. Trotz größerer Abmaße speckte der Insignia B im Schnitt 200 kg ab (je nach Ausstattung). Damit sind klassenübliche Fahrleistungen und Verbräuche zu realisieren. Der Insignia B war das letzte Modell, das von Opel im Auftrag von GM für den Weltmarkt entwickelt wurde (Buick Regal, Nordamerika und China, Holden Commodore, Australien).

Als Antriebe dienen aufgeladene Vierzylinderbenzinmotoren mit 1,5 bis 2,0 Liter Hubraum mit 103 bis 191 kW sowie aufgeladene CDTI-Vierzylinderdieselmotoren mit 1,6 bis 2,0 Liter Hubraum mit 81 bis 154 kW. Alle Wagen verfügen über ein Sechsgangschaltgetriebe in Kombination mit Frontantrieb (Sechsstufenautomatikgetriebe optional). Lediglich die stärksten Benzin- und Dieselmotoren sind mit einem Achtstufenautomatikgetriebe sowie Allradantrieb ausgestattet. Der Insignia B ist ein konkurrenzfähiges Auto, selbst in der oberen Mittelklasse. Zudem ist er im Schnitt 8.000.- € preiswerter als vergleichbare Fahrzeuge von »Premiumherstellern«. Was ihm aber fehlt ist Image. In diesem Punkt hat die Motorpresse den wirklich guten Insignia B längst ganz hinten eingeparkt. Zu Unrecht, wie die Fakten belegen. Doch Opel muss hier dringend nacharbeiten, sollte es unter PSA-Regie noch einen weiteren Insignia geben. Anderenfalls ist die obere Mittelklasse bei Opel ebenfalls ein Auslaufmodell.

Mitte 1911 wurde der erste Opel-Flugmotor vorgestellt. Aus ca. 7 Liter Hubraum holte man 70 PS Höchstleistung und 60 PS Dauerleistung bei 1.250 U/min. heraus.

Was Opel sonst noch baute

Ein gut geführtes Industrieunternehmen zeichnet stets ein hohes Maß an Flexibilität bei Leitung und Belegschaft aus. Vor allem in Krisenzeiten wie in Kriegen oder während wirtschaftlicher Rezessionsphasen. Aber auch, wenn es um die Fertigung neuer eigener Produkte geht. Opel machte dabei keine Ausnahme. Denn neben Nähmaschinen, Fahrrädern, Lastwagen und Automobilen wurden bei Opel auch Flugmotoren, Traktoren, Kühlschränke und diverse andere Industrieprodukte hergestellt. Im Laufe der-Jahrzehnte wurden jedoch auch alte wie angestammte Fertigungen aufgegeben oder an Wettbewerber verkauft. Das alles mit dem Fokus auf die Ausweitung des Fahrzeugbaus. So stellte Opel 1911 den Bau von Nähmaschinen nach dem großen Brand im Werk Rüsselsheim ein. 1932 gab Opel die Motorradproduktion nach dreimaligem Neustart endgültig auf. 1937 wurde die Fahrradproduktion an

Der acht Meter lange Opel-Motorpflug für die Landwirtschaft ging Ende 1911 in die Produktion. Sein vorn eingebauter Vierzylinderviertaktreihenmotor leistete 60 PS bei 1.000 U/min.

Ab Mitte 1940 wurden im Opel-Werk Rüsselsheim beschusssichere Tanks für Militärflugzeuge hergestellt.

Ab 1912 baute Opel motorisierte Feuerspritzen, die sich gut verkauften. Grund für die Produktion war übrigens die mangelhafte Ausrüstung der Rüsselsheimer Feuerwehr, die dem großen Brand im Werk eher hilflos gegenüberstand.

Auf Basis des 4/16-PS-Motorwagens entstand 1928 der Opel-Traktor, der deshalb am selben Fließband produziert werden konnte. Sein Vierzylinderbenzinreihenmotor mit gut 1,0 Liter Hubraum leistet 16 PS bei 2.500 U/min.

Ab 1938 war im Opel-Werk Brandenburg ein selbst entwickelter Hubwagen im Einsatz. Als Antrieb fungierte ein modifizierter Pkw-Vierzylinderbenzinmotor mit 1,5 Liter Hubraum mit 37 PS. Bis zur Einstellung der zivilen Produktion Ende 1940 konnte Opel gut 250 Exemplare fertigen und verkaufen.

Für den Strahljäger Messerschmitt ME 262 fertigte Opel Fahrgestell-federbeine. Daneben wurden noch Zünder für kleine Geschosse, Raketenteile und Torpedoköpfe hergestellt.

Für den Sturz-kampfbomber Junkers JU 88 nahm Opel Anfang 1942 die Fertigung von Kanzelverkleidungen, Fahrgestell-Feder-beinen, Tragflächen-befestigungen, Kanzel-Bodenwannen und Steuerungs-anlagen auf.

Ab 1947 baute Opel Kühlschränke der US-Marke »Frigidaire« in Lizenz, jedoch zunächst nur für den Bedarf der US-Besatzer. Doch nach der Währungsreform konnte Opel diesen absoluten Nachkriegsluxus auch auf den deutschen Markt anbieten.

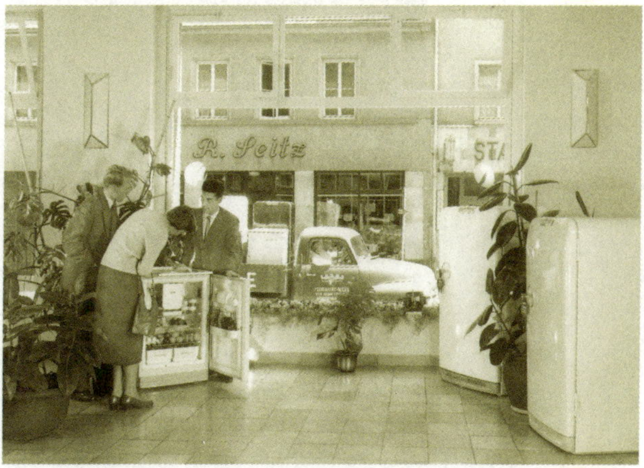

Im Rüsselsheimer Werk gab es für die Frigidaire-Kühlschränke eine Verkaufsausstellung. Vor dem Schaufenster wartet ein neuer Blitz-Lastwagen (Typ 1,75 to.) auf Kühlschränke zur Auslieferung (Aufnahme von 1952).

den Mitbewerber NSU verkauft und die erst 1946 begonnene Lizenzfertigung von Kühlschränken und Industriekühlanlagen der Marke »Frigidaire« wurde 1959 aufgegeben. Und 1987 endete die Lastwagenkarriere unter dem Namen Blitz. Die Fotos auf dieser und der vorigen Doppelseite geben einen kleinen Überblick, was bei Opel sonst noch gebaut wurde.

Die erste Opel-Nähmaschine von 1862, die noch im väterlichen Betrieb entstand.

Nähmaschinen

Adam Opel ging nach seiner Schlosserlehre im väterlichen Betrieb am 10. Juni 1857 im Alter von 20 Jahren auf die damals sehr populäre Gesellenwanderschaft, die ihn zunächst nach Lüttich und Brüssel, dann nach England und im Sommer 1858 schließlich nach Paris führte. Dort arbeitete er zuerst in einer Fabrik für Panzerschränke. Es folgte ab dem 19. August 1859 eine Arbeit in der Nähmaschinenfabrik »Journaux & Leblond«. Kurze Zeit später kann auch sein jüngerer Bruder Georg von Adam dazu überredet werden, in der französischen Fabrik zu arbeiten. Im Februar 1962 wechselte Adam Opel zur Firma »Huguenin & Reimann«, die ebenfalls Nähmaschinen herstellte. Im Herbst 1862 kehrte Adam Opel nach Rüsselsheim zurück und begann in der väterlichen Werkstatt mit dem Bau der ersten Opel-Nähmaschine. Im Frühjahr 1863 machte sich Adam Opel in einem ehemaligen Kuhstall selbstständig. Sein Bruder Georg, der noch in Paris geblieben war, versorgte die aufkeimende hessische Produktion mit den dringend dafür benötigten Spezialhalbzeugen: Stähle, Greifer, Mechanikbauteile und vor allem Nadeln. Da es eine vergleichbare Fertigung von Nähmaschinen damals in Deutschland noch nicht gab, beanspruchte diese viel Zeit. Um finanziell über die Runden zu kommen, stellte Opel auch Weinverkorkmaschinen her und verkaufte Nähmaschinen der Firma »Plaz & Rexroth« aus Paris. Ab Sommer 1864 nahm Adam Opel auch englische Nähmaschinen nach dem Patent von Elias Howe in sein Angebot auf.

Wussten Sie schon, ...

dass General Motors am 1. November 1948, und damit nur dreieinhalb Jahre nach Kriegsende, wieder die Leitung von Opel übernahm?

Adam Opel heiratete 1868. Als sein Schwiegervater kurz darauf in der Braunschweigschen Lokallotterie 100.000 Reichstaler gewann, konnte seine Frau Adam Opel beim Kauf einer Dampfmaschine finanziell unterstützen. Auch der Erwerb von Anteilen an der Gießerei »Lallement & Cie.« konnte getätigt werden. Mit dem Rest des Geldes wollte Opel auf einem schon frühzeitig erworbenen Acker in der Nähe des Bahnhofs von Rüsselsheim eine Fabrik errichten. Im Frühjahr 1868 war der

Im Frühjahr 1968 wurde der zweigeschossige Neubau der Opel-Fabrik in Rüsselsheim fertiggestellt.

Titelblatt der Opel-Festschrift von 1877, die anlässlich des 15. Jahrestages der Nähmaschinenproduktion erschien.

Eine Million Nähmaschinen wurden bis zum Sommer 1911 bei Opel hergestellt. Im Bild die letzte Ausführung mit Unterschrank.

In der Nacht zum 19. August 1911 vernichtete ein verheerender Brand große Teile des Opel-Werks, was gleichzeitig auch das Ende der Nähmaschinenproduktion bedeutete.

zweigeschossige Bau fertiggestellt. Mittlerweile war auch Bruder Georg wieder in Rüsselsheim und unterstützte das junge Unternehmen. Bis 1880 wurden etwa 20.000 Nähmaschinen hergestellt. Mit einem aufwendigen Fabrikumbau von 1882 erfolgte die Umstellung der Opel-Produkte auf das Singer-System. Bis dahin wurden bei Opel folgende Nähmaschinen (teilweise in Lizenz) gebaut: Opel-Nähmaschine System »Plaz & Rexroth«, Schneiderei-Nähmaschine vom Typ »Thomas«, Delphin-Nähmaschine nach »Grover & Baker« (ab 1864), Titan-Nähmaschine »Sophia« und die »Cylinder-Elastique-Nähmaschine« für Schuhmachereinen (ab ca. 1870). Allein im Jahr 1885 produzierten 300 Mitarbeiter etwa 18.000 Nähmaschinen. Am 8. September 1895 starb Adam Opel in Rüsselsheim und seine Witwe Sophie führte gemeinsam mit den fünf Söhnen Carl, Wilhelm, Heinrich, Fritz und Ludwig das Unternehmen weiter.

Doch spätestens zur Jahrhundertwende wurde deutlich, dass die Zukunft des Opel-Werkes nicht ausschließlich bei den Nähmaschinen liegen würde. Denn da in Deutschland zu dieser Zeit neben Opel viele andere Fabrikanten erfolgreich Nähmaschinen herstellten, lag die gesamte deutsche Produktion fast höher als der mögliche Absatz weltweit. So stagnierte der Nähmaschinenverkauf und Opel musste seine Erzeugnisse billig an Großhändler und nach Übersee verkaufen. Zwischen 1863 und 1911 hatte Opel insgesamt eine Million Nähmaschinen hergestellt und verkauft. Aber schon frühzeitig konnte sich die weitsichtige Unternehmerfamilie Opel weitere Standbeine aufbauen, die die Verluste aus der Nähmaschinenherstellung schon bald auffangen bzw. kompensieren sollten. Denn seit 1886 stellte Opel bereits sehr erfolgreich Fahrräder her. Und die zunächst noch kleine Produktion von Automobilen hatte schon 1899 mit dem Opel Patent-Motorwagen »System Lutzmann« begonnen. Nach einem großen Brand im Opel-Werk 1911 beendete die Firma den Bau von Nähmaschinen und stellte nur noch Fahrräder und Motorwagen her.

In Reihe angetreten: vorn der Experimental GT von 1965, in der Mitte die Serienversion des Opel GT und hinten der (leider) nur zweimal gebaute GT Aero – der erste »Targa« von Opel.

Opel GT

»Nur Fliegen ist schöner« – dieser Slogan ist in die Werbegeschichte eingegangen. Selbst 50 Jahre danach kennen ihn noch viele Fans. Der mit diesem Slogan beworbene Opel GT fasziniert noch heute, obwohl die ersten Exemplare bereits im November 1968 vom Band liefen. Doch die Karriere des Opel GT begann mit ersten Skizzen bereits 1962. Auf der Int. Automobilausstellung (IAA) 1965 in Frankfurt präsentierte Opel dann die Studie »Experimental GT«, die mit ihren aufregenden Linien den Rahmen des herkömmlichen europäischen Automobildesigns sprengte. Mit dem charakteristischen »Coke Bottle Shape« ähnelte ihr Äußeres der Chevrolet Corvette. Das Echo bei Presse und Besuchern war überwältigend. Und so kam es, dass der »Experimental GT« zum Serienauto reifte.

Wussten Sie schon, ...

dass 1969 die Modelle Admiral und Diplomat 2,8 Liter erstmals mit einer elektronisch gesteuerten Benzineinspritzung vom Typ Bosch D-Jetronic vorgestellt wurden?

Der Weg zur Serienproduktion des Opel GT war allerdings nicht einfach. Das Rüsselsheimer Stammwerk war ausgelastet und das Bochumer Werk konnte nur die Endmontage übernehmen. Der französische Karosseriebauer Chausson in Gennevilliers produzierte die Karosserie, lieferte diese zum ebenfalls französischen Fahrzeugbauer Brissoneau & Lotz in Creil, wo diese Lackierung und Innenausstattung erhielten. Von dort aus wurden die teilgefertigten Wagen per Eisenbahn in das Bochumer Werk geschickt, wo Fahrwerk, Motor sowie die Endmontage erfolgten. 1968 standen zwei Vierzylinderreihenbenzinmotoren zur Wahl: 1,1 Liter mit 60 PS (OHV-Konstruktion) und 1,9 Liter mit 90 PS (CIH-Konstruktion), beide an ein Viergangschaltgetriebe gekoppelt und mit Heckantrieb. Doch nur der Opel GT 1900 erreichte akzeptable Fahrwerte: Höchstgeschwindigkeit 185 km/h und eine Beschleunigung von Null auf Tempo 100 km/h in 10,8 Sekunden. Das optionale Dreigangautomatikgetriebe (nur für GT 1900) wurde von den europäischen Kunden nur selten geordert, dafür erfreute es sich in den USA umso größerer Beliebtheit.

Die Karosserie des Serien-GT unterschied sich erheblich vom Experimental GT. Die Frontpartie fiel wuchtiger aus, der vordere Überhang kürzer. Eine Ausbuchtung für den Ansaugtrakt ermöglichte eine flachere Motorhaube, die ecki-

Nur Fliegen ist schöner. So kennt man den Opel GT.

Erkennen Sie ihn? Es ist ein Opel GT, der für die Weltrekordfahrten mit einem Dieselmotor aerodynamisch umgebaut wurde. Dieser Wagen wurde von der Abteilung »Opel Classic« restauriert und ist heute fahrbereit.

gen Klappscheinwerfer des Experimental GT wichen runden »Schlafaugen«, die dem Opel GT ein unverwechselbares Gesicht gaben. Zugleich sorgte seine Linienführung für eine gute Aerodynamik. Allerdings hatten die Ingenieure während der Entwicklung genau damit ein Problem: Das neue Modell konnte nirgends unerkannt zu Testfahrten aufbrechen, denn die aerodynamische Form der GT-Erlkönige ließ eine Tarnung einfach nicht zu. Jahre später wurde der Opel GT dann für Experimente ganz anderer Art gebraucht. Mit ihm testete Opel 1971 den Elektroantrieb, stellte sechs Weltrekorde auf und im Juni 1972 erreichte ein umgebauter Opel GT mit Dieselmotor 18 internationale Rekorde.

Die Fahrleistungen, das unvergleichliche Design und der attraktive Einstiegspreis von nur 10.767.- DM machten den Opel GT zum Renner in der Käufergunst, der alle Erwartungen übertraf. Trotz des Erfolgs ließ Opel dem GT eine stetige Modellpflege zuteilwerden. Januar 1969: Zusätzliche Außenfarben lieferbar. April 1969: Änderungen Armaturenbrett und höhere

Kompression für 1,9-Liter-Motor. Mai 1969: Neue Stoßstangen vorn, Detailänderungen Innenraum. September 1969: Anders geformtes Heckblech, neues Lenkrad sowie Entfall des Modells mit 60 PS. August 1970: Neue Modellcodes für Europa und USA, neue Stahlsporträder (15 Löcher) und Embleme an der Karosserie, hintere Ausstellfenster serienmäßig, verbesserte Hinterachse, vergrößerte Ölwanne und geänderter Luftfilter. März 1971: Neues Modell »GT/J« mit einfacherer Ausstattung, neue Außenfarben. August 1972: Vierspeichenstahlsporträder optional. In den fünf Jahren bis zum Ende der Produktion im Juli 1973 erreichte der Opel GT eine Gesamtauflage von 103.463 Exemplaren. Sowohl die europäischen als auch die 70.546 amerikanischen Kunden lieben das extravagante Opel-Modell – bis heute hat der Opel GT seine Fans auf beiden Kontinenten.

Wussten Sie schon, ...

dass am 18. November 1935 das neue Werk zum Bau von Lastwagen in Brandenburg a. d. Havel in Betrieb ging?

Der »neue« Opel GT (vorn, 2006 bis 2009) vermittelt zwar den Fahrspaß der heutigen Ansprüche, doch ob er auch die Faszination des originalen Opel GT in Zukunft zu vermitteln vermag, werden die nächsten Jahrzehnte zeigen.

Hoffnung machte Opel vielen GT-Fans mit der ebenfalls »GT« genannten Studie für ein zweitüriges Sportcoupé, die im Frühjahr 2016 erstmals auf dem Autosalon in Genf gezeigt wurde. Doch nach Übernahme durch den PSA-Konzern stehen die Aktien für eine Realisierung mehr als schlecht.

Seit 1964 ist das Opel-Design (intern schlicht N10 genannt) in einem vom Architekten Arne Jacobsen entworfenen Bau untergebracht. Das Gebäude wurde nach dem Vorbild des Designcenters von General Motors in Warren/Michigan gestaltet.

50 Jahre Designstudio

1964. Ein olympisches Jahr. In Innsbruck wurden die XI. Winterspiele eröffnet, einige Monate später loderte die Flamme der XVIII. Sommerspiele über Tokio. Und auch in Rüsselsheim wurde zum Festakt geladen. Die Gäste betraten zum ersten Mal das neue Designstudio von Opel im Gebäude N10. Für viele von ihnen war es auch das letzte Mal, denn nach der feierlichen Eröffnung der futuristisch anmutenden Anlage schlossen sich deren Türen wieder für die Öffentlichkeit. Von Juni 1964 an wurden hier Formen, Farben und Funktionen der Autos mit dem Blitz am Bug entwickelt und festgelegt. »Sie bekommen leichter Zugang zu Fort Knox als ins N10«, so ein Zeitzeuge von damals.

Wussten Sie schon, ...

dass der Amerikaner Steve Girsky im Juli 2012 der Opel Vorstandsvorsitzende mit der kürzesten Amtszeit (fünf Tage) war?

Die Einweihung des Gebäudes war ein Meilenstein europäischer Automobilbaugeschichte. Es war das größte eigene Designstudio eines Herstellers in der alten Welt. Bislang hatten die meisten europäischen Automobilhersteller für die Entwicklung neuer Konzeptfahrzeuge häufig externe Spezialisten beauftragt. Norditalien, speziell die Ebene um die piemontesische Hauptstadt Turin, galt als das Mekka des Automobildesigns. Pietro Frua, Guiseppe ›Nuccio‹ Bertone oder Pininfarina hatten zwischen Alpen und Apennin ihre Karosseriefertigungen eingerichtet und zeichneten für die Gestaltung einer Vielzahl neuer Modelle und Konzepte der Hersteller verantwortlich.

Alle Chefs des Opel-Design posieren, ganz wie die fünf Söhne von Adam Opel damals, auf einem extralangen Tandem. Der ehemalige Opel-Designer Erhard Schnell zeichnete das Bild extra für das Jubiläum.

Von links nach rechts: »Ahnengalerie« der Chefs im Opel-Design
Clare McKichan, 1962–1967
Charles M. Jordan, 1967–1971
David Holls, 1971–1974
Henry Haga, 1974–1980
Gordon Brown, 1980–1983
Wayne K. Cherry, 1983–1991
Richard F. Ruzzin, 1991–1996
Hans Seer, 1996–2002
Martin Smith, 2002–2004
Bryan Nesbit, 2004–2007
Mark Adams, ab 2007

Opel-Sprech

Jeder Automobilhersteller hat seine eigenen Begriffe und Fachtermini, die nicht nur Außenstehenden manchmal etwas »schräg« vorkommen. Nicht einmal auf den zweiten Blick lässt sich dabei erahnen, was sich hinter den Hieroglyphen oder schlichten Abkürzungen verbirgt. Deshalb gibt es hier eine Erklärung der wichtigsten Begriffe, die ein Opel-Fan einfach draufhaben muss. Ich weiß, innerhalb der Werksumzäunungen toben noch viele weitere Begriffe herum. Deshalb ich habe mich bei diesem Abriss auf oft benutzte bzw. modellübergreifende Begriffe beschränkt.

Bei Bedarf verwenden

Ein ganz schlimmer Begriff. Denn hier wurden im Werk zugelieferte Teile unterschiedlicher Zulieferer verbaut, ohne dass diese dokumentiert wurden. Im Fall eines Ersatzes wussten weder das Werk noch der Händler, was für eine Reparatur an Teilen exakt verbaut werden musste/konnte.

Bis oder ab FGN

Gemeint ist hier »bis oder ab Fahrgestellnummer«. Damit wird der Einsatz eines Wechsels bzw. eine Änderung eines Ersatzteils in der Serienfertigung bezeichnet, die bis oder ab einer gewissen Fahrgestellnummer eines bestimmten Modells in den Werken zum Einsatz kam.

Wussten Sie schon, ...

dass Opel im März 1937 nach 2.593.997 gebauten Fahrrädern die Produktion an den deutschen Hersteller NSU verkaufte?

CIH (Vierzylinder)

Konstruktionsprinzip für Vierzylinderreihenmotoren. CIH = Camshaft In Head = seitlich im Zylinderkopf verbaute Nockenwelle. 1965 führte Opel im Rekord (Baureihe B) die völlig neu konstruierten CIH-Motoren mit 1,5 bis 1,9 Liter Hubraum ein. Bis zur Produktionseinstellung 1995 wuchs der Hubraum der CIH-Motoren bis auf 2,4 Liter in den Modellen Frontera A und Omega A an. Ab 1972 war ein CIH-Vierzylinderdieselmotor mit 2,1 Liter Hubraum zuerst im Rekord (Baureihe D) verfügbar. Sein Hubraum wurde 1978 auf 2,3 Liter für das Modell Rekord E erweitert. 1984 kam ein Turbodiesel mit 2,3 Liter Hubraum hinzu. Seine letzte Ausbaustufe erreichte der CIH-Turbodieselmotor im März 1985 mit der Adaption eines mechanischen Druckwellenladers (Comprex D genannt, Konstruktion BBC) im Modell Senator A.

CIH (Sechszylinder)

Konstruktionsprinzip für Sechszylinderbenzinreihenmotoren. CIH = Camshaft In Head = seitlich im Zylinderkopf verbaute Nockenwelle. 1965 führte Opel in den Modellen Kapitän und Admiral (Baureihe A) die völlig neu konstruierten CIH-Motoren mit 2,8 Liter Hubraum zuerst ein. Die kleinste Version dieses CIH-Motors verfügte über 2,5 Liter Hubraum, die ab 1966 zuerst im Opel Blitz Lastwagen zum Einbau kam und ab 1967 in verschiedenen Leistungsstufen auch im Modell Commodore (Baureihen A bis C). Der Hubraum wuchs 1978 auf 3,0 Liter an (auch mit elektronischer Benzineinspritzung), zu finden in den Modellen Monza A, Senator A+B und Omega A. Eine Version mit 2,6 Liter Hubraum war ab 1987 in den Modellen Senator B und Omega A zu finden. Durch den Aufsatz eines 16V-Zylinderkopfs konnten Leistung und Wirtschaftlichkeit des CIH-Motorunterbaus mit 3,0 Liter Hubraum in den Modellen Omega A, Omega Evolution 500 und Senator B ab 1989 gesteigert werden. Seine letzten Ausbaustufen erreichte der CIH-Sechszylindermotor mit 3,6 Liter Hubraum (zwei Turbolader) 1990 im Modell Lotus Omega, gefolgt vom Aggregat mit 4,0 Liter Hubraum im Irmscher-Sondermodell C 40 des Modells Senator B.

E (vor oder hinter der Ersatzteilnummer)

Das »E« bedeutete, dass ein Ersatzteil nur für die Verwendung von Exportfahrzeugen Verwendung finden sollte, obwohl diese auch an Fahrzeugen hiesiger Produktion eingesetzt werden konnten. Im Normalfall konnte ein Kunde bei einem deutschen Opel-Händler diese Teile nicht bestellen. Es sei denn, der Händler forderte diese Teile mit einer besonderen Bestellung ausdrücklich an.

E (als Modellbezeichnung)

Hier wies das »E« auf die Ausstattung des Wagens mit einem Motor hin, der über eine Benzineinspritzung verfügte. Unter anderem war die Ausstattung »E« bei den Modellen Manta B und Admiral/Diplomat B zu finden.

Ersatzteil austauschbar ersetzt

Will heißen, dass der Vorrat von originalen sowie selbst gefertigten Ersatzteilen aufgebraucht war und nun durch Ersatzteile von Zulieferern ersetzt worden war.

Wussten Sie schon, ...

dass Opel ab 1973 britische Nutzfahrzeuge der Marke »Bedford« unter dem Namen »Blitz« vertrieb?

Ersetzt durch

War ein Ersatzteil nicht mehr lieferbar oder wurde es im Zuge der Überarbeitung modifiziert bzw. durch ein anderes Teil ersetzt, gab es diesen Hinweis in den Ersatzteilkatalogen. Nicht immer zur Freude der Kunden. Denn viele »neue« Ersatzteile wollten nicht zum Fahrzeug passen.

ETK

Gemeint ist hier der Ersatzteilkatalog eines jeweiligen Modells.

Fahrzeugkürzel

Bereits in den 50er-Jahren, als sich die Zahl der Karosserievarianten mit fast jedem neuen Modell erhöhten, führte Opel Kurzbezeichnungen für die jeweiligen Modellvarianten ein, die

immer im Zusammenhang mit der Modellnummer (s. dort) zu lesen waren, um den exakten Opel-Typ einwandfrei feststellen zu können. Einige Beispiele:
KD = Kombinationswagen dreitürig
KDL = Kombinationswagen dreitürig Luxus
KF = Kombinationswagen fünftürig
KFL = Kombinationswagen fünftürig Luxus
LD = Lieferwagen dreitürig
LZ = Limousine zweitürig
LZL = Limousine zweitürig Luxus
LZH = Limousine zweitürig Heckklappe
LV = Limousine viertürig
LVL = Limousine viertürig Luxus
SZ = Sportcoupé zweitürig
SZL = Sportcoupé zweitürig Luxus

Feldabhilfe
Quasi »ab Werk« gab es typische Mängel an den Fahrzeugen, die erst später (oder wenn überhaupt) durch die Produktionswerke abgestellt werden konnten. Bis es so weit war, mussten mangelhafte Fahrzeuge mit typischen Mängeln von den Händlern mittels »Feldabhilfe« genannten Anweisungen in einen ordnungsgemäßen Zustand versetzt werden.

GS
Steht für »Grand Sport«. Das Kürzel »GS« kam ab Frühjahr 1967 zuerst beim Commodore A zum Einsatz, der mit einer Sechszylinderreihenmotor mit 2,5 Liter Hubraum mit 130 PS ausgestattet war (intern HL genannt). 1970 wurde der Commodore GS mit 2,8 Liter Hubraum mit 145 PS nachgeschoben.

GS/E
Steht für »Grand Sport / Einspritzung«. Das Kürzel »GS/E« kam ab Februar 1970 beim Modell Commodore A zum Einsatz. Denn der Commodore GS/E war mit einem Sechszylinderreihen-

benzinmotor mit 2,5 Liter Hubraum mit 150 PS und, als erster Opel überhaupt, mit einer elektronischen Benzineinspritzung ausgestattet. Das »D-Jetronic« genannte System wurde vom Zulieferer Bosch entwickelt.

GSI

Steht für »Grand Sport Injection«. Das Kürzel »GSI« war ab 1984 zuerst am Coupé Manta B zu finden; dort als sogenannter Nachfolger der legendären Bezeichnung »GT/E«.

GT/E

Steht für »Grand Touring / Einspritzung«. Im April 1974 kam der Manta A als Sportmodell »GT/E« in den Handel. Sein Vierzylinderreihenbenzinmotor (Konstruktionsprinzip CIH) mit 1,9 Liter Hubraum mit 105 PS verfügte als erster Opel-Vierzylinder über eine elektronisch gesteuerte Benzineinspritzung vom Hersteller Bosch, genannt »L-Jetronic«. Das »L« steht für die Steuerung der Einspritzanlage nach dem Prinzip der Luftmassenmessung. Diesen Motor gab es ab Mitte 1975 auch im Kadett C Coupé.

Wussten Sie schon, ...

dass Opel im Jahr 2004 keine eigene Bilanz mehr auswies und die Ergebnisse der Marke zukünftig in die Bilanz von GM-Europe einflossen?

H

Steht für »Hochleistungsmotor«. Wurde ein »S«-Motor (s. dort) in seiner Leistung nochmals gesteigert, kennzeichnete Opel diese Motorversionen mit einem »H« ohne optische Kennzeichnung am Fahrzeug, jedoch in der technischen Literatur sowie mit einem »H« vor der Motornummer.

HL

Steht ebenfalls für »Hochleistungsmotor«. 1965 wurden für die Modelle Kapitän und Admiral (Baureihe A) neu konstruierte Reihensechszylinderbenzinmotoren (Konstruktionsprinzip CIH) mit 2,8 Liter Hubraum mit 125 PS (»S« genannt) eingeführt. Im Herbst 1967 wurde eine hubraumgleiche, jedoch 140 PS starke Version (»HL« genannt) nachgeschoben.

J

Steht für »Junior«. Das Kürzel »J« wurde ab der zweiten Hälfte der 70er-Jahre für besonders preiswert ausgestatte Sondermodelle der unteren Mittelklasse (Kadett, Ascona, Manta etc.) verwendet, mit denen vor allem junge Kunden angesprochen werden sollten.

Irmscher

Die heutige »Irmscher Fahrzeugbau GmbH & Co. KG« ist ein deutscher Fahrzeugtuner und Automobilhersteller mit Sitz in Remshalden. Die Firma wurde 1968 vom Rallyefahrer Günther Irmscher gegründet. Seitdem fertigte Irmscher Sport- und Tuningteile für Opel, baute Renn- und Rallyeversionen auf Basis von Opel-Serienfahrzeugen, montierte Sondermodelle in Kleinserien für Opel und ist bis heute partnerschaftlich mit Opel verbunden (siehe Abb. folgende Seite).

Wussten Sie schon, …

dass Opel 1973 zusammen mit der Firma May zehn Manta A mit Turbomotoren (140 PS) zu Testzwecken baute, die jedoch alle verschrottet wurden?

ITEZ

Steht für »Internationales Technisches Entwicklungszentrum«, das in Rüsselsheim beheimatet ist. Es wurde in den 1990er-Jahren aufgebaut, als General Motors bei Opel die technische Entwicklung für rund 70 Prozent seiner Konzernprodukte zusammenzog. Seit der Übernahme von Opel durch den französischen PSA-Konzern wurden viele Kapazitäten im ITEZ abgebaut, da PSA über ein eigenes Entwicklungszentrum verfügt.

Kombination ähnlich wie …

Wurden Sondermodelle von Opel direkt oder von Zulieferern (z. B. Irmscher oder OPC) endgefertigt, kamen Bauteile von

»Papa Irmscher ante portas.« Im Sommer 1974 zieht Günther Irmscher den Haubenzug und greift mit der linken Hand unter die Motorhaube des von ihm bei der Targa Florio eingesetzten Manta A.

diversen Zulieferern zum Einsatz, die natürlich nicht exakt dokumentiert wurden. Entsprechend schwer hat es ein Besitzer eines solchen Opel heute.

Marktübliche Teile verwenden

Hier hat Opel am Band Teile in die Fahrzeuge eingebaut, die gerade besonders günstig am Markt zu haben waren. Eine Dokumentation des Originalzustands ist hier also nicht möglich.

Mehrzweck-Ersatzteil, örtlich ersetzt

Derartige Ersatzteile waren original nicht mehr lieferbar und wurden durch Teile von Zulieferern ersetzt, die bei diversen Opel-Modellen verwendet werden konnten.

Mikrofilme

Ab Herbst 1973 wurden die gedruckten Ersatzteilkataloge (ETK) und Werkstatthandbücher (WHB) für alle Opel-Modelle zunehmend durch Mikrofilme (Systemname Mikrofiche) ersetzt. Um die Informationen da-rauf lesen zu können, mussten sich die Händler eigens konstruierte Durchlicht-Lesegeräte mit Vergrößerungsfunktion anschaffen. Denn die Opel-Mikrofiche hatten ein eigenes Sonderformat. Mitte der 1990er-Jahre wurden die Mikrofilme durch CD-ROMs ersetzt, die nur noch mittels eines Computers lesbar waren.

Modellnummer

Jedes Opel-Modell verfügte über eine Modellnummer, die je nach Ausstattung und Modell unterschiedlich lauten konnte. So wurde ein Manta A für den Export in die USA mit der Nummer »57« gekennzeichnet, während das Standardmodell mit »58« und das Luxusmodell mit »59« abgekürzt wurde. Dumm nur, dass diese Nummern teilweise nach 20 Jahren für andere/moderne Opel-Modelle wiederverwendet wurden.

Modellpflege

Normalerweise beträgt der Lebenszyklus eines jeweiligen

Modells rund sechs Jahre, bevor es durch ein neues Modell ersetzt wird. Im Lebenslauf eines jeden Modells wird es bis zu einem Alter von drei bis vier-Jahren mit neuen Optik- und Ausstattungselementen verändert bzw. durch eine Erweiterung der Ausstattung aufgewertet. Zwischenzeitliche Preiserhöhungen mögen diese »Zugabe« seitens Opel durchaus auffangen. Danach, also bis zum Ende der Produktion, wird das jeweilige Modell, u. a. um Fehler auszumerzen, technisch noch weiter optimiert (je nach Erfordernis), bevor es in deutlich reduzierter Auswahl in den Schlussverkauf geht.

Wussten Sie schon, ...

dass das Opel-Lastwagenwerk in Brandenburg a. d. Havel im Sommer 1944 zerstört und nicht wieder aufgebaut wurde?

MY oder MJ

Hier sind »Model year« (englisch, GM-Konzern) oder »Modelljahr« gemeint. Ein Modelljahr (z. B. 2018) begann bei General Motors und somit auch bei Opel mit Ende der Werksferien im Sommer. In der Regel wurden die letzten Fahrzeuge des alten Modelljahres Ende Juni gefertigt. Bei Wiederaufnahme der Produktion (meistens im August eines jeden Jahres) liefen die ersten Fahrzeuge des neuen Modelljahres vom Band. Mitunter gab es auch aberwitzige Abweichungen von der Regel, indem die MY- oder MJ-Angaben mit Kommazahlen versehen wurden. Dies geschah, wenn es eine bedeutende Abweichung zum letzten Modelljahr schon früher gegeben hatte. So wurde der Einsatz von Änderungen im Februar eines Jahres gern als »MJ 2018,5« bezeichnet. Ließ sich eine Änderung nicht genau festlegen, wurden auch gern Angaben wie »MJ 2018,25« verwendet.

N

Steht für Motoren in der Grundausstattung, die zudem das damalige Normalbenzin benötigten. Eine optische Kennzeichnung dieser Motorvarianten durch gesonderte Embleme gab es in der Regel nicht.

Nml

Das ist ein Kürzel, das Fahrer älterer Opel-Wagen überhaupt nicht gern hören. Denn es steht für »Nicht mehr lieferbar«.

OHV (Vierzylinder)

Konstruktionsprinzip für Vierzylinderreihenbenzinmotoren. OHV = Overhead Valves = im Zylinderkopf hängende Ventile. Diese Motorenbaureihe fand ihre erste Verwendung 1962 im Kadett A mit 1,0 Liter Hubraum. Aufgrund ihres gleichmäßig leise schnatternden Laufgeräuschs auch »Nähmaschine« genannt. Bis 1985 wurden die OHV-Motoren mit bis zu 1,2 Liter Hubraum in zahlreichen Modellen verbaut. Zuletzt im Corsa B und im Kadett E.

OPC

Steht für »Opel Performance Center«. Für besonders sportliche Modelle, die entweder in Serie produziert oder mit dem Hintergrund einer Homologation für den Motorsport entwickelt wurden, war bis 2017 die Opel-Tochter »OPC« zuständig. Diese sportlichen Opel wurden teilweise direkt als »OPC-Modell« konfiguriert angeboten oder man konnte seinen biederen Serien-Opel per Katalog mit Teilen von »OPC« richtig aufbrezeln.

P.E.K.

Bevor das IZEZ (s. dort) aufgebaut wurde, gab es für die Entwicklung neuer Opel die Abteilung P.E.K., das für »Produktentwicklung und Konstruktion« steht.

R

Steht für »Rallye«. Sportliche Versionen biederer Normalmodelle gab es bis in die 80er-Jahre auch mit einer Rallyeausstattung, meist in Verbindung mit schwarzen Zierstreifen, mattschwarzen Motorhauben sowie leistungsgesteigerten Motoren, »S« genannt. Daraus entstanden die heute bei Sammlern sehr beliebten »SR«-Modelle.

Rallye
Im November 1966 stellte Opel seinen ersten »Rallye« genannten Kadett der Baureihe B als preiswerte Sportbasis vor. Sein Vierzylinderreihenbenzinmotor (Konstruktionsprinzip OHV) mit 1,1 Liter Hubraum mit 60 PS brachte den nur 850 kg schweren Wagen ordentlich vorwärts. Eine Variante mit 90 PS folgte später und sie begründete den bis heute legendären Ruf des »Rallye Kadett«. In den Folgejahren gab es noch andere Opel-Modelle mit dem Namenszusatz »Rallye«, wobei es sich hier-Jedoch meist um Ausstattungsvarianten handelte.

SSD oder SKD
Stahlschiebedach oder Stahlkurbeldach

S
Steht für leistungsgesteigerte Motoren, die zudem das damalige Superbenzin benötigten. So gab es noch in den 80er-Jahren z. B. einen 1,6 Liter Vierzylinderbenzinmotor in der mit »N« bezeichneten Grundausstattung mit 68 PS, während er in der Version »S« 80 PS leistete. Gern wurde das »S« als Emblem am Wagenheck angebracht, um auch optisch auf die Mehrleistung hinzuweisen. Bei den »S«-Motoren handelte es sich grundsätzlich um Vergasermotoren, die mit einem »S« vor der Motornummer gekennzeichnet waren.

SR
Siehe »S« oder »R«

SR/E
Zwischen März und Oktober 1982 gab es das Sondermodell »SR/E« der Baureihe Rekord E2 (1977–1982) auf Basis des Luxusmodell mit sportlicher Ausstattung als Limousine und Caravan. Mattschwarzes Foliendekor außen, Sporträder, Sportsitze und ein Vierzylinderbenzinreihenmotor (CIH) mit 2,0 Liter Hubraum mit 110 PS und elektronischer Benzineinspritzung.

Steinmetz

Die vom ehemaligen Rennfahrer Klaus A. Steinmetz 1969 gegründete Firma »Steinmetz-Automobiltechnik GmbH« verstand sich als Sportzentrum für Opel-Fahrzeuge mit Sitz in Rüsselsheim. Von 1970 bis 1974 bot die Firma Renn- und Sportteile an und nahm selbst aktiv und erfolgreich am Motorsport teil. Nach dem Konkurs gründete Steinmetz zusammen mit der in Aachen ansässigen Kohl-Gruppe die neue »Steinmetz GmbH« und sicherte sich die Namensrechte. Man bot hauptsächlich Zubehörteile für viele Opel-Modelle an. 2012 gründete Sohn Oliver Steinmetz wieder die »Steinmetz-Automobiltechnik« und bietet seitdem Wiederauflagen legendärer Opel-Sportteile aus den Jahren 1970 bis 1974 an.

TIS

Steht für »Technisches Informationssystem«. Bis Anfang der 70er-Jahre gab es gedruckte Ersatzteilkataloge und Werkstatthandbücher. Diese wurden ab 1973 zunächst durch Mikrofilme und bis Mitte der 1990er durch CD-ROMs ersetzt. Seit Anfang der 2000er-Jahre können die Opel-Händler die benötigten Informationen nur noch online anfordern. Das mag zwar im täglichen Betrieb Vorteile bringen, doch den Chronisten macht dieser Informationsverlust zunehmend das Leben schwer.

WHB

Gemeint ist hier das Werkstatthandbuch eines jeweiligen Modells.

Auf der AVUS in Berlin unternahm Fritz von Opel einen bemannten Fahrversuch mit dem Opel RAK 2 und erreichte dabei eine Geschwindigkeit von 238 km/h.

Raketenzeitalter

Vor internationaler Presse begann am 11. April 1928 auf der Rüsselsheimer Opel-Rennbahn das Raketenzeitalter mit der ersten öffentlichen Fahrt des RAK 1. Die Fahrt wurde zum Triumph einer neuen Technologie, die es letztendlich möglich machte, den Weltraum zu erobern. Bereits 1927 suchte der Südtiroler Astronom, Testpilot und Publizist Max Valier, Verfasser des Werks »Der Vorstoß in den Weltenraum«, bei Fritz von Opel (geadelt 1917, Sohn von Wilhelm Opel, Spitzname »Raketen-Fritz«) Unterstützung für seine Forschung an einem »Raketenmotor«. Der Enkel des Firmengründers Adam Opel, selbst Rennfahrer und Flieger, erkannte die Möglichkeiten der Raketentechnik und die Werbewirkung für die Marke Opel. Fortan wurde in Rüsselsheim an der neuartigen Technologie geforscht und auf einem eigens konstruierten Prüfstand die Schubkraft unterschiedlicher Ra-

Wussten Sie schon, ...

dass die bekannte Kühlerfigur »Zeppelin« im Jahr 1934 zuerst das neue Modell 1,8 Liter »Regent« schmückte?

ketentypen gemessen. Die hochmodernen Feststoffraketen lieferte der Ingenieur und Raketenkonstrukteur Friedrich Wilhelm Sander aus Wesermünde bei Bremerhaven.

Bereits am 12. März 1928 begannen geheime Testfahrten auf der Opel-Rennbahn. Als Versuchsträger diente ein Opel 4/12 PS »Laubfrosch«. Aus Sicherheitsgründen trieben das Fahrzeug zuerst nur zwei Raketen an: Eine »Seelenrakete« für den Start sowie ein »Dauerbrander« für anhaltenden Schub. Am Steuer saß der Opel-Ingenieur und Rennfahrer Kurt C. Volkhart. Die Fahrt endete nach nur 35 Sekunden, in denen lediglich 150 Meter zurückgelegt wurden. Weitere Testläufe mit stärkeren Raketen führten schnell zu den erhofften Resultaten. Einen Monat später ist alles bereit für die ersten öffentlichen Demonstrationsfahrten. Für den 11. April 1928 kündigte Opel die Premiere des Raketenwagens auf der Opel-Bahn an. Der »RAK 1« getaufte Raketenwagen verfügte über eine aerodynamische Kühlerattrappe, im Motorraum befand sich lediglich die speziell für den Raketenantrieb entwickelte elektrische Zündanlage. Durch wiederholtes Durchtreten eines Fußpedals zündete der Pilot paarweise die zwölf Raketen, die sich

Startvorbereitungen am Opel RAK 1: Opel-Ingenieur und Rennfahrer Kurt C. Volkhart prüft die speziell für den Raketenantrieb entwickelte Zündanlage.

Kurz vor dem Start wurden Fahrer und Wagen in vielen Posen abgelichtet, denn kein Mensch wusste, ob man die beiden jemals wiedersehen würde.

am Heck des »RAK 1« befanden. Die Ladung sollte für eine vollständige Umrundung des 1,5 Kilometer langen Ovalkurses reichen. Zwei von Volkhart konstruierte, seitlich angebrachte Flügel sorgten für Anpressdruck auf der Vorderachse. Ein Entfernen der Motorhaube überzeugte die geladenen Gäste von der »Motorlosigkeit« des Fahrzeugs und der Ernsthaftigkeit des Unternehmens.

Um 16:30 Uhr war es so weit, dass Opel-Ingenieur und Rennfahrer Kurt C. Volkhart den Arm als Zeichen zum Start hob. Die ersten der zwölf Raketen in seinem Rücken zündeten und unter lautem Heulen verschwand der Raketenwagen im Rauch. Nach nur acht Sekunden erreichte der »RAK 1« Tempo 100, dann rollte das Fahrzeug aus. Nur drei Raketenpaare und eine einzelne Rakete hatten gezündet, die Zündkabel der anderen fünf Raketen waren durchgebrannt. Die Fahrt wurde zum Triumph einer neuen Technologie, die Zeitungsberichte waren entsprechend. Vom »betriebssicheren Amerikaflug« und »dessen Weiterentwicklung zum Weltenraumschiff« war die Rede. »Raketenantrieb – ein erfolgreicher Versuch der Opel-Werke«, lautete ein Titel. Das Unternehmen war in aller Munde, Fritz von Opel kündigte weitere Forschungen mit dem Ziel der bemannten Raumfahrt an und ließ Taten folgen.

Am 23. Mai 1928 startete Fritz von Opel vor 3.000 geladenen Gästen aus Politik, Film und Wissenschaft zur Rekordfahrt. Mit 230 km/h flog das schwarz lackierte Experimentalfahrzeug »RAK 2« über die Berliner AVUS. Mit jedem Tritt aufs Gaspedal zündete Fritz von Opel die nächste Stufe des Antriebs, 24 Pulverraketen mit insgesamt 120 kg Sprengstoff katapultierten das Fahrzeug auf 238 km/h. Fritz von Opel war ein Held und will nun Schiene und Luftraum erobern. 256 km/h erreichte am 23. Juni 1928 der unbemannte »RAK 3« auf einem gesperrten Eisenbahngleisstück bei Burgwedel (Hannover) – neuer Welt-

Obwohl nur sieben der zwölf Raketen des RAK 1 zündeten, konnte Opel mit dieser Testfahrt nachhaltig auf sich aufmerksam machen.

Nach der Rekordfahrt mit dem RAK 2 war dem »Raketen-Fritz« der Stolz deutlich ins Gesicht geschrieben.

Der unbemannte Opel RAK 3 zeigt nach seiner Rekordfahrt auf Schienen deutlich Blessuren. Kein Wunder bei einer erreichten Höchstgeschwindigkeit von 256 km/h.

rekord für Schienenfahrzeuge. Weitere Versuche mit einem raketengetriebenen Opel Motoclub-Motorrad sollten folgen, wurden aber von den Behörden untersagt. Im September 1929 absolvierte »Raketen-Fritz« den ersten öffentlichen bemannten Raketenflug der Welt: Mit dem Opel-Sander »RAK 1-Flugzeug« erhob er sich auf dem Flugplatz Frankfurt-Rebstock in die Luft und wurde 150 km/h schnell. Der Vorstoß in den Weltraum hatte begonnen.

Die Erde ist nicht genug. Nach den erfolgreichen Fahrversuchen mit Raketenantrieben auf Straße und Schiene folgte 1929 der erste bemannte Raketenflug der Welt.

Die Opel-Rennbahn wurde 1920 am Schönauer Hof in der Nähe von Rüsselsheim eröffnet (Aufnahme von etwa 1930).

Rennbahn

Am 21. Oktober 1920 fiel südlich von Rüsselsheim auf der neuen Opel-Rennbahn am Schönauer Hof erstmals ein Startschuss für eine Motorsportveranstaltung. Denn das werkseigene Versuchsgelände war zugleich die erste permanente Rennstrecke Deutschlands. Über 10.000 Menschen säumten die Strecke und waren von den motorsportlichen Leistungen der Rennfahrer begeistert. Zu den erfolgreichen Teilnehmern am ersten Renntag auf der Opel-Rennbahn gehörten unter anderem Fritz von Opel, der bei zwei Wettbewerben den Sieg erringen konnte, sowie Hans von Opel, der im Rennen über 15 Kilometer auf einem 9 PS starken Opel-Wagen Platz drei belegte. Damit begann eine mehr als zehnjährige Ära, in der sich die Opel-Rennbahn zu einem Mekka des Rennsports entwickelte, das neben dem Automobil- und Motorradrennsport auch den Radsport beherbergte.

Wussten Sie schon, ...

dass mit den Modellen Ascona und Manta A im Herbst 1970 eine völlig neue Baureihe erschien, die zwischen Kadett und Rekord positioniert war?

Die alte, ovale Einfahrbahn auf dem Opel-Werksgelände, auf der zu Beginn des Jahrhunderts die fertiggestellten Last- und Personenkraftwagen ausgiebig getestet und eingefahren wurden, reichte schon wenige Jahre später nicht mehr aus. Die kontinuierlich fortschreitende technische Entwicklung brachte immer schnellere Fahrzeuge hervor, sodass Versuchsfahrten zunehmend im öffentlichen Straßenverkehr stattfinden mussten. Damit wurde letztlich der Bau einer völlig neuen Anlage für die Automobilerprobung unausweichlich. Das Konzept für die Opel-Rennbahn, deren Bau 1917 begann, sah eine ovale Piste vor, die für Einfahrzwecke, nach dem Krieg vor allem aber auch als »Sportbahn« fungieren sollte.

Der bereits 1919 fertiggestellte Ovalkurs erstreckte sich über 1,5 Kilometer. Die 12 Meter breite Betonfahrbahn mit zwei überhöhten Kurven (32 Grad) und unterschiedlichen Kurvenradien ermöglichte Spitzengeschwindigkeiten von bis zu 140 km/h. Von den hölzernen Tribünen im Start-Ziel-Bereich ließ sich die ganze Strecke überblicken. Rund 50.000 Zuschauer fanden zudem auf einem umlaufenden Erdwall im Innenraum des Ovals Platz. An den Werktagen wurde die Strecke als Test- und Einfahrbahn für Prototypen und Neuwagen genutzt, an den Wochenenden fanden immer öfter Auto-, Motorrad- und sogar Fahrradrennen statt. Bis Ende der 1920er-Jahre traten auf der Opel-Rennbahn alljährlich die besten Fahrer der Welt, darunter auch der berühmte Rudolf Caracciola, gegeneinander an: auf Marken wie BMW, BSA, Fiat, Horex, Mercedes, Norton, NSU, Sunbeam und natürlich Opel.

Das Automobilunternehmen nutzte die große Beliebtheit der spektakulären Veranstaltungen auf der Opel-Rennbahn auch für eigene Werbezwecke. So präsentierte das Werk 1925 im Anschluss an ein Rennen die gesamte Tagesproduktion des neuen Modells 4/12 PS der Öffentlichkeit. Dies war der erste

Motorradrennen 1923: In vielen Klassen starteten die Fahrer und jagten ihre Maschinen um den Ovalkurs. Sehr zur Freude der Zuschauer, die auf der Tribüne sowie sehr dicht an der Strecke stehen durften.

Großserienwagen in Deutschland, denn Opel hatte ein Jahr zuvor als erster deutscher Hersteller die Fließbandproduktion eingeführt. Rund 125 dieser im Volksmund »Laubfrosch« genannten, kleinen Automobile zogen am staunenden Publikum vorüber. Das weckte Begehrlichkeiten und kam der Idee von einem »Volkswagen« schon sehr nahe – rund 13 Jahre bevor die ersten Käfer-Prototypen das Krabbeln lernten.

Ein weiterer Höhepunkt in der Geschichte der Opel-Rennbahn sind die Raketenexperimente unter der Leitung von Fritz von Opel. Am 12. März 1928 unternahm der Opel-Ingenieur und Rennfahrer Kurt Volkhart mit einem Versuchsfahrzeug auf der Opel-Rennbahn die weltweit erste Raketenfahrt. Nur einen Monat später war das Opel-Testgelände Schauplatz des ersten öffentlichen Starts eines Raketenwagens. Diese Versuchsreihen auf der Opel-Rennbahn legten den Grundstein für ein erfolgreiches Kapitel in der Erforschung der Raketentechnologie. Anfang der 1930er-Jahre fiel der Schleier des Vergessens über die Opel-Rennbahn, da sie infolge der rasanten Entwicklung in der Automobiltechnologie nicht mehr den gewachsenen Anforderungen genügte. Nur noch selten nutzte Opel das Testoval für die Erprobung. 1949 lief der Pachtvertrag aus.

Noch heute ist der Kurs als solcher erkennbar, auch wenn er durch den umgebenden Wald gänzlich zugewachsen ist. Ein Besuch lohnt in jedem Fall!

Renntage auf der Opel-Rennbahn wurden natürlich auch zu Werbezwecken genutzt. 1925 wurde stolz die Tagesproduktion des Opel 4/12 PS, genannt »Laubfrosch«, präsentiert.

Bis 1911: Der Name »Blitz« fand zuerst für ein Opel-Sicherheitsfahrrad namens »Victoria« Verwendung. Dann geriet er fast 20 Jahre in Vergessenheit.

Zeichen der Zeit

Der Blitz in einem Ring ist als Emblem bis heute der Inbegriff und Zeichen der Marke Opel. Bereits seit 1963 zieren »Blitz-Embleme« die Fahrzeuge des Unternehmens. Doch die Geschichte des Blitzes bei Opel ist wesentlich älter. Als Name fand er nämlich schon zu Beginn des 20. Jahrhunderts Verwendung. Eines der ersten Opel-Sicherheitsfahrräder trug bis 1911 den Namen »Victoria Blitz«. Erst 1930 kehrte der Blitz zurück, indem Opel mit einem Preisausschreiben einen »neuen« Namen für einen Schnelllastwagen gefunden hatte. Der Name »Blitz« war kurz, prägnant und symbolhaft. Der legendäre »Opel Blitz« war als Name geboren. Als Lastwagen mit demselben Namen begann kurze Zeit später eine weitere Erfolgsgeschichte.

Wussten Sie schon, ...
dass der bekannte Werbespruch »Opel der Zuverlässige« bereits 1933 erstmals Verwendung fand?

Opel-Personenwagen trugen seit 1934 einen stilisierten Zeppelin auf ihren Kühlerhauben. Ab 1937 kam der Ring um den Zeppelin hinzu und man fand dieses Emblem auf jedem Kofferraum. Form und Details veränderten sich bis Ende der 40er-Jahre beinahe jährlich. 1951 glich der Zeppelin eher einer Zigarre, dem oben noch eine Rückenflosse angesetzt wurde. Auch dieses Emblem musste zahlreiche Retuschen über sich ergehen lassen, bis es schließlich 1962 gründlich überarbeitet wurde. Zwar konnte man dabei noch nicht von einem Blitz sprechen, doch das neue Emblem wurde am neuen Rekord A (1962 bis 1965) an Front, Heck und auf den Radkappen verwendet. Ein Jahr später wurde dann endlich der Blitz in seiner Form geboren, die bis heute und mit diversen Veränderungen Bestand hat.

Obwohl der Blitz im Kreis stetig weiter bearbeitet, modifiziert und diverse Male »neu« geschaffen wurde, zeigten sich seine Variationen stets dem Zeitgeist angepasst. Seine vorletzte Umwandlung vollzog sich mit der Präsentation der Coupé-Studie »GTC« auf dem Genfer Autosalon 2007. Der »GTC« wies neben neuen Designelementen auch Ausblicke auf die kommende Variation des Markensignets auf. Seit Mitte 2008 profilierte sich das neue Opel-Emblem zuerst an der Mittelklasse-Limousine Insignia A. Andere Opel-Modelle mit dem neuen Signet folgten.

Ab 1930: Endlich eine Einheit. Blitz-Symbol und -Schriftzug finden sich zunächst nur an Opel-Lastwagen und -Omnibusse.

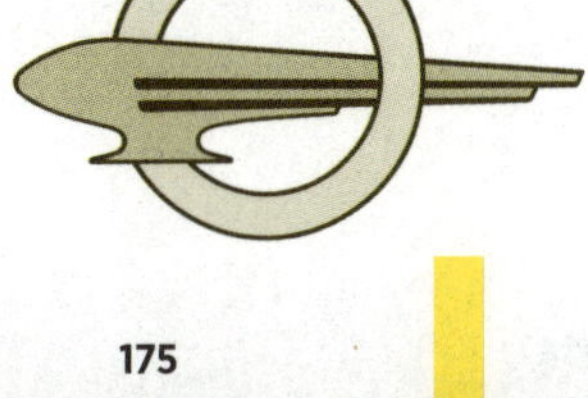

Ab 1937: Das bekannte Emblem eines Zeppelins im Ring fand sich an allen Opel-Personenwagen. In ähnlicher Aufmachung wird es heute noch von der Alt-Opel IG in Club-Publikationen verwendet.

Opel hatte damals für das neue Markenemblem eine entsprechende Erklärungen parat: »Mit der dynamisch gezeichneten Mittelklassefamilie des Insignia debütiert ein neues, noch prägnanteres Markenlogo, bei dem der Opel-Schriftzug stolz in die breitere Umrandung des Blitzes integriert ist. Der Opel-Blitz hat an dreidimensionaler Tiefe gewonnen und wurde skulpturhafter gestaltet. Die Oberflächen haben einen sphärischen Charakter. Für den neuen Insignia (Baureihe A), und damit für alle zukünftigen Opel-Wagen, ein neues Markenlogo zu entwickeln, das ebenso ausdrucksstark, hochwertig und präzise wirkt, ist entscheidend.« Dem dürfte kaum etwas hinzu zufügen sein. Außer vielleicht die Bitte, das Opel-Emblem zukünftig wertvoller und dauerhafter zu behandeln.

Wussten Sie schon, ...

dass Opel während des Zweiten Weltkriegs (ab Oktober 1940) auch Rüstungsgüter für Flugzeuge fertigte (u. a. Kanzeln, Fahrwerke und schusssichere Tanks)?

Meine Bitte aus 2010 wurde nur teilweise erhört. Zwar beließ Opel das 2007 vorgestellte Firmenlogo weitgehend unangetastet und auch an vielen Fahrzeugen fand es sich, zumindest bis 2014, wieder. Doch mit der Übernahme durch den französischen PSA-Konzern in 2017 stand die nächste Überarbeitung des Logos an. Der Name »OPEL« aus dem Ring um den Blitz verschwand und das Logo wurde wieder zu seinen Werten der 80er-Jahre zurückgeführt. Wohl alle Opel-Fans werden mir zustimmen, dass Opel mit seinen ständigen Wechseln des Logos nicht unbedingt zur signalisierenden Stabilität der Marke beigetragen hat. In Zeiten der neuen Eigentumsverhältnisse und des knappen Geldes möge das nun gewählte Logo eine längere Halbwertszeit haben. In diesem Punkt ist Stabilität und Kontinuität wichtiger als effekthaschendes Marketing.

Bis 1961: Aus dem deutlich erkennbaren Zeppelin wurde im Laufe der Jahre die so genannte »Zigarre« im Ring. Dieses Emblem fand sich jedoch nur an Personenwagen, während die Lastwagen stets »Blitz« hießen.

1962: Die »Zigarre« mutiert zum Blitz. Deutlich, wenn auch noch nicht endgültig, ist bereits der Blitz im Symbol erkennbar.

1987: Beispiel für das modernere Blitz-Emblem. Es wurde immer wieder verändert und variiert, blieb jedoch stets deutlich erkennbar.

2007: Die Opel-Coupé-Studie »GTC« erhielt als erster Opel das neue Markenemblem im Kühlergrill.

2017: Mit dem Aufkauf von Opel durch den französischen PSA-Konzern, änderte sich auch das Logo wieder zu einer einfacheren Grundform.

Einzylindermotorrad von 1905 mit 1 1/2 PS und Keilriemenantrieb.

Kraft auf zwei Rädern

In drei Epochen kann man die nicht sehr erfolgreiche Produktion motorisierter Zweiräder bei Opel einteilen. Kurz nach Beginn der Automobilproduktion brachte Opel 1901 sein erstes Motorrad vom Typ 1 3/4 PS »Motorzweirad« auf den Markt, gefolgt vom ebenfalls einzylindrigen Typ 2 PS von 1902. 1903 folgten die robusteren Modelle mit 1 3/4 PS- und 2 1/4 PS-SV-Motoren mit neuen Rahmen und Spritzvergaser. 1905 kam dann ein kleines Motorrad vom Typ 3 1/4 PS mit Keilriemenantrieb auf den Markt. Doch da die Nachfrage gering war, gab man 1907 die Motorradproduktion wieder auf. Erst in den Notjahren nach dem Ersten Weltkrieg lief ab Mitte 1921 die Fertigung mit einem motorisierten Fahrrad (137 ccm mit 1,1 PS Bremsleistung) wieder an. Die niedrigen Betriebskosten sowie die solide Fertigung ließen die Kundschaft wieder zugreifen. Nun war auch wieder Geld für den Motorradsport da. 1922 stellte man den »Opel Renner« mit 204 ccm Hubraum und Wasserkühlung vor. Doch der Höhenflug dauerte nicht lange. Zwar führte Opel 1922 noch ein völlig neues Einzylindermotorrad

Wussten Sie schon, ...

dass der Opel Rekord P1 ab 1957 in die USA exportiert und dort von Buick-Händlern vertrieben wurde?

ein (148 ccm Hubraum, 2 PS), das jedoch stark den Maschinen von 1907 ähnelte. Bis Mitte 1924 produzierte man davon zwar noch geringe Stückzahlen, gab die Motorradfertigung dann zugunsten des Automobilbaus jedoch zum zweiten Mal auf.

Zwar stand der Markt für Motorräder Mitte der 1920er-Jahre in voller Blüte, Opel konnte jedoch die gewünschten Motorräder mit 500 ccm Hubraum nicht liefern. Um dam nachkommen zu können, suchte Opel sich Partner. Gegen Ende 1927 war Opel dann mit einem völlig neuen Tourenmotorrad wieder am Markt präsent. Die neue Maschine verfügte über einen Rohrrahmen und einen 498 ccm großen Opel-Motor mit 16 PS Bremsleistung. Bemerkenswert an diesem Motorrad waren der niedrige Schwerpunkt sowie ein bisher nicht für möglich gehaltenes Fahrverhalten. Das neue Motorrad war bis auf den Motor baugleich mit dem damals sehr populären »Diamant-Motorrad«, was sich durch die Übernahme von Fertigungslizenzen vom genialen Konstrukteur Ernst Neumann-Leander erklären ließ. Mitte 1928 erwarb Opel dann eine Beteiligung an den Elite-Diamant-Werken AG, um zusätzliche Produktionskapazitäten zu erhalten. Kurz darauf entstanden die ersten »Opel Motoclub 500«, die als Modell »T« 16 PS und in der »SS Sportversion« 22 PS leisten. Die mit Silber lackierten Pressstahlrahmen sowie roten Sätteln und Reifen ausgerüsteten Maschinen fanden jedoch nicht genügend Käufer. Als 1929 ein Verlust von 5 Millionen RM in den Diamant-Büchern stand, stieg Opel aus und verlagerte die Produktion nach Rüsselsheim. Dort lief die Fertigung zwar noch bis Mitte 1932 weiter, jedoch ohne nennenswerte Stückzahlen zu erreichen. Und da sich selbst die Opel-Motorfahrräder nur noch schlecht verkauften, gab man die Motorradproduktion zum dritten Mal und nun endgültig auf.

Diese »Opel Motoclub 500« von 1929 hat bis heute überlebt und präsentiert sich auf historischen Veranstaltungen im Bestzustand

Wilhelm Opel war ein begeisterter Radsportler. Auf diesem Bild, das ca. 1895 entstand, hilft er einem Sportsfreund beim Rennstart mit einem Hochrad

In die Pedale

Die Opel-Fahrradstory begann im Familienkreis. Denn die Opel-Söhne wünschten sich zum Weihnachtsfest 1885 nichts sehnlicher als ein Fahrrad. Jedoch verstand man zu dieser Zeit unter einem Fahrrad noch ein Hochrad, dessen industrielle Fertigung vor allem in England schon begonnen hatte. Obwohl die Hochräder alles andere als bequem und ohne Hilfe kaum zu besteigen waren, baute Adam Opel seinen Söhnen fünf Hochräder zum Fest. Während die Mutter die Hochräder als lebensgefährlich abtut, stürzt Adam Opel am ersten Weihnachtsfeiertag mit einem der Hochräder. Kurzum stirbt damit auch der Fahrradtraum der Söhne, denn Adam Opel beauftragt einen eigenen Vertreter mit dem Verkauf der Drahtesel. Als dieser-Jedoch alle Hochräder für rund 400 Mark das Stück innerhalb weniger Tage verkaufen kann, wird Adam Opel nachdenklich. So wunderte es nicht, dass Opels Söhne den Vater doch von der Idee des Fahrrades überzeugen konnten. Am 20. Juni 1887 verließ das erste Opel-Hochrad die Rüsselsheimer Fabrik. Die Produktion wurde im Frühjahr 1888 um Sicherheitsniederräder nach englischem Vorbild erweitert, die den heute bekannten Fahrrädern schon sehr ähnelten.

Mit Einführung der neuen Sicherheitsniederräder stieg die Produktion deutlich an. Die Opel-Söhne begeisterten sich zudem für den Radsport und ihre Erfolge waren eine vorzügliche Werbung. Die Formel »Es siegte Opel auf Opel« führte der Firma Tausende Kunden zu. Die Konstruktionen für Gebrauchsfahrräder wurden zwischen 1896 und 1900 in vielen Details wesentlich verbessert. So wurde die »Freilaufnabe mit Rücktrittbremse« schon 1904 eingeführt. Ende 1910 stellte man bereits gut 30.000 Fahrräder her. Das Angebot von Damen-, Herren- und Jugendrädern sowie von Transport- und Dreirädern für das Gewerbe wurde laufend erweitert. Doch die Absätze am privaten Fahrradmarkt waren ab 1912 rückläufig. Doch das Militär hatte in den Jahren vor dem Ersten Weltkrieg den Nutzen der Fahrräder erkannt und orderte nun bevorzugt Opel-Räder.

Bis Mitte der 1920er-Jahre entwickelte sich das Fahrrad zu einem wesentlichen Verkehrsmittel. So verließen allein 1927 über 320.000 Fahrräder die Werkhallen. In den frühen 1930er-Jahren kamen neue Konstruktionen ins Programm, die steifer und über eine verbesserte Gewichtsverteilung verfügten. Gleichzeitig stieg der Export von Fahrrädern in alle Welt um rund 160 Prozent an. Ab der Leipziger Frühjahrsmesse 1935 verfügten dann alle Opel-Räder auf dem vorderen Schutz-

Bis Mitte der 1920er-Jahre stieg Opel zum weltgrößten Hersteller von Fahrrädern auf.

Wussten Sie schon, ...

dass Opel 1987 erstmals wasserlösliche Lacke in der Produktion verwendete?

blech über den bekannten Opel-Zeppelin. Über 2,5 Millionen Fahrräder waren bis zu diesem Zeitpunkt von Opel verkauft worden, als das neue Firmenmanagement von General Motors (GM) am 28. Oktober 1936 die Übertragung der Opel-Fahrradproduktion auf die NSU-D-Rad Vereinigte Fahrzeugwerke AG in Neckarsulm beschloss. Im März 1937 endete dann die Fahrradproduktion bei Opel und das letzte Exemplar mit der Fabrikationsnummer 2.621.965 wanderte ins Opel-Fahrradmuseum.

Um die Jahrhundertwende posieren die fünf Söhne von Adam Opel hinter ihrem Spezialfahrrad, einem »Quintuplet«: Carl, Wilhelm, Heinrich, Friedrich und Ludwig.

Bibliografische Information der Deutschen Nationalbibliothek
Die Deutsche Nationalbibliothek verzeichnet diese Publikation in der Deutschen Nationalbibliografie; detaillierte bibliografische Daten sind im Internet über http://dnb.dnb.de abrufbar.

1. Auflage
ISBN 978-3-667-11566-9

MIX
Papier aus verantwortungsvollen Quellen
FSC
www.fsc.org
FSC® C084279

Lektorat: omnibooks, Bielefeld; Hanno Vienken
Fotos: mauritius images / Motors / Alamy: Einbandtitel
Archiv Autor: Seiten 4, 34, 44, 45, 57, 69, 70, 73, 89, 96, 98, 99
Constantin Film: Seiten 56, 58
Eckhart Bartels: Seiten 25, 83, 85
Frank Welches: Seite 22
General Motors: Seite 48
Gerd Monzels: Seiten 76, 77, 104
Wikipedia: Seiten 36, 37, 66, 67, 71, 74, 75, 106, 107, 110, 112, 132
Alle übrigen Bilder: Opel Automobile GmbH
Einbandgestaltung und Layout: Jörg Weusthoff, Weusthoff Noël kommunikation.design, Hamburg
Lithografie: Mohn Media, Gütersloh
Gesamtherstellung: Print Consult, München
Printed in Czech Republic 2019

Delius Klasing Verlag, Siekerwall 21, D - 33602 Bielefeld
Tel.: 0521/559-0, Fax: 0521/559-115
E-Mail: info@delius-klasing.de
www.delius-klasing.de